生活即是行动

Action

[印] 克里希那穆提 著

徐萍 译

北京时代华文书局

CONTENTS

目 录

引　言

接下来的几天里，我们会在一起进行一些讨论，今天早上我们就可以开始这些讨论。但是，如果你有所主张，而我也是，如果你坚持自己的观念、教条、经验和知识，而我则坚持自己的，那么我们之间就不存在真正的讨论，因为我们都没有在自由地探讨。讨论并非是分享彼此的经验，根本就不存在分享，而只存在真理的美，那不是你或者我可以拥有的，它就只是在那儿。

要有智慧地进行讨论，就不仅仅必须有慈悲的品质，还须有质疑的品质。你知道，除非你有所质疑，否则你就不可能去探究。探究意味着质疑，意味着自己找出真相，一步步地去发现，当你这么做时，你就无须追随任何人，无须询问别人你的发现正确与否，也无须别人来印证你的发现，但这需要很高的智慧和高度的敏感性。

就我刚才所说的，我希望自己并没有阻碍你提问题！要知道，这就像两个朋友在一起谈心一样，不持什么主张，也不试图控制对方，而是彼此都处在一种很融洽的氛围之中，放松而友好地畅谈，共同去发现。头脑处在如此状态之中，我们就能去探索，而我可以确定的是，我们所发现的并没什么重要性，重要的是去发现，并在发现之后继续往前。执着于你的发现会很有害，因为这样的话你的头脑就会封闭，就会僵死。但是，如果你在发现真相的那刻，抛开自己所发现的，那么，你就能像溪水、像有着充沛河水的河流一样奔腾不息。

萨能，第十次公开演讲，1965 年 8 月 1 日

《克里希那穆提作品集》，第十五卷，第 245 页

第一章 生活即是行动

学习之中没有终点，而这就是生活之美、生活的神圣之处。

因此，你要和我一起对此做探讨，你不会从我这儿学到任何东西，在这里你也收集不到任何可以带着离开的东西，因为如果你这么做，那就仅仅是种积累，一种你可以积存起来去死记的东西。在我讲的时候，请用你的整个存在，心怀热情地全身心倾听，就如倾听你所爱的东西一样——如果你真的爱的话，因为在这儿你不会受到任何指导，你也不是个学生。你是在学习一门艺术——我真的就是这个意思。我们是在一起共同学习，因此，对老师和学徒的划分也就彻底不存在了。把某个人认作无所不知的老师，而将自己视作一无所知的人，这样的思想相当不成熟。在这样的关系之中，两者都欠缺谦卑，两者也因此都停止了学习。这并非是种口头上的陈述，如果你倾听而并不寻求任何做什么和不做什么的指导，你就能自己看到这点。通过一系列的指导是无法了解生活的。你可以将指令发送到发电机、无线电上，但是，生活并非机器，生活是生生不息、不断更新的东西。因此，不存在任何指导——而这就是学习之美。接受指示和指导的琐碎头脑只是在加强记忆而已——就像所有大学和各个校园里所发生的那样，在那儿你仅仅是为了通过考试和谋得一份工作在培养记忆力而已。那并非是在获得智慧，只有在你学习之时，智慧才会到来。学习之中没有终点，而这就是生活之美、生活的神圣之处。因此，你要和我一起学习，一起探究，就“行动”这个主题，一起进行思考和互相交流。

对我们大多数人而言，生活即是行动，我们把“行动”划分为已经完成的事、正在做的事和将要做的事。不行动你就无法生活。行动不仅仅指身体上的活动，从这儿到那儿，也包括思想的活动、观念的活动、感觉的活动以及环境、观点、野心的活动，还有食物以及心理作用的活动——我们大多数人都对这些活动毫无知觉。有意识的活动，也有无意识的活动；有大地上一颗种子的活动，也有谋得一份工作并在余生里都为之奋斗的人的活动；有波浪拍打岸边的活动，有风和日丽天气的活动以及雨天的活动；还有大地和天空的各种活动。因此，行动是无限的，它是种既在时间领域之内又在时间领域之外的活动。我正在把我所思考的东西告诉你们，我是在做探讨，带着一个想法——行动，来到这里。我想和你们一起缓慢、温和而安静地对它做深入的讨论和探究，这样你们就能和我一起对它有所了解。

但是，当你只是把行动归纳为："我要做什么？我是否应该这么做或者不该那么做？这样对还是那样对？"那么行动就成了件非常渺小的事。很自然地，我们确实必须在时间领域里行动——我的确必须在一小时之后结束讲话，一个人必须在某个时间点去办公室、工厂上班，吃饭。行动肯定是在时间领域里的，这是我们所知的，不是吗？你和我确实不知道除了可辨识的、时间领域里的行动以外的事。我们把时间划分为昨日、今日和明日，明日是无限的将来，昨日是无穷的过去，而今日就是现在。未来和过去之间的冲突造就了我们称为"行动"的这件事，我们因此总是在询问，在时间和认知的领域里要如何行动，我们总是在问要怎么做——要结婚还是不结婚，要屈从于诱惑还是与之对抗，要努力致富还是追寻信仰？环境，其实真的和时间一样——迫使我接受了一份工作，因为，我有家庭，我必须赚钱养家，因此就有了所有的冲突、混乱和辛劳。我的头脑也因此陷入了"在时间领域里行动"这个范畴。这就是我所了解的，而每个行动又在时间领域里制造了它自己的结果和产物。这是一步，不是吗？先看到我们的行动都陷入时间领域里了。

然后就有了冲突的行动，请紧跟着我，因为我们是在一起对它审视。有些行动源于两个对立面之间的张力，处在自我矛盾的状态之中——想这么做的，却做得完全相反，你们都知道这些，不是吗？一个欲望说，这么做，而另外一个欲望却说，不要这么做。你感觉到自己很生气、很暴力、很冷酷，但你的另一部分却说，要友好、和气和友善。对于一些人来说，行动都源自于张力、源自于自我矛盾。如果你对自己做观察，就会看到这点：越挣扎，越矛盾，行动就会越激烈和暴力。由于这种张力，有野心的人就会卖命地工作——以神的名义、和平的名义或者以政治的名义、国家的名义等。这种张力制造出了壮举——处在自我矛盾挣扎中的人很有可能会创作出一首诗、一本书或者一幅画，他内在的矛盾越大，行动力和创造力也就越惊人。

然后，如果你观察自己的内在，就会发现还有意志力的行动——我必须这么做，必须不那么做，我必须规范自己，我必须不那么思考，我必须拒绝，我必须计划。因此，有积极的意志力行为和消极的意志力行为，我只是在做描述，如果你真的在听，就会看到一种真正了解的行动发生了——这正是我马上会讲到的。无论正面还是负面，意志力的行动即是反抗的行动。因此有各式各样的行动，但为大多数人所熟知的是意志力的行动，因为大多数人都没有那种巨大的张力感，因为我们都不是什么了不起的人物，我们不是所谓的大作家、大政客或者伟大的圣人——其实他们根本不是真正的圣者，因为他们只是把自己投身于某种形式的生活而已，也因此停止了学习。我们都是普通人，不是很聪明。我们有时候会驻足凝望一棵树或者一次落日，会心地笑，但对大多数人来说，行动都源自于意志力，我们都是心怀抗拒的。意志力是诸多欲望的产物，不是吗？你知道，意志力的行动——我觉得很懒，想在床上多躺一会儿，但是我必须要求自己赶紧起床；我感到有性欲，但我不可以，我必须与之对抗。因此，为了达成某个结果，我们就锻炼自己的意志力，这就是我们所知道的——要么屈服，要么对抗，而屈服就会制造出它自己的痛苦，这种痛苦演变成了随即的对抗。因此，我们内在总是处在无休止的斗争之中。

意志力就是欲望——也即想和不想的产物。就是这么简单，我们不要把它复杂化了——把这些留给哲学家们和思想家们吧。你和我都知道，意志力就是源于两个对立的欲望领域的行动，而我们对美德的培养也就培养了对抗。你称对抗嫉妒为美德，但其实嫉妒却一直与我们如影随形——欲望制造了它的对立面，由这个对立面产生了对抗，而这种对抗就是意志力。如果你观察自己的头脑，就会看到这点。当我们在这个世界里必须有所行动时，我们就培养这种意志力，这就是我们所熟知的。

我们带着这种意志力，宣称我们必须要弄清楚是否有超越其上的东西存在。我们用这种意志力来规范自己、折磨自己和克制自己——你越有能力克制你自己，你就越被认为是神圣的。所有的圣者、古鲁都是这种克制和对抗的产物。热衷于追随的人，他对一切都有所克制，并追求他自己所投射出的理想，你们称这样的人为伟人。

因此，当你看着生活里的行动——成长的树木，展翅飞翔的鸟儿，潺潺流动的河流，以及云朵、闪电、机器的活动，还有沿岸浪花的活动等——那么，你就会看到，生活本身就是行动，无始无终、永无止境，它是永恒运动着的东西，它就是宇宙、喜乐和真实。但是，我们却把这种生活中广袤无垠的行动缩减成了我们自身琐碎而渺小的行动，然后问自己该怎么办，或者去参照某本书，或者追随某种体系。我们的行为是多么的琐碎、渺小、狭隘、丑陋和冷酷。请务必听听这些！我和你们一样都很清楚，我们都必须在这个世界上生活，必须在时间领域里行动，我们也知道，“生活如此浩瀚，让它自行运作，它自会告诉我如何做”——这种说法毫无益处，它不会告诉我们该怎么做的。因此，你们必须和我一起看看我们头脑的这种特别的现象，即把这个原本是无限的、无尽的深远行动缩减为我们如何谋得一份工作、如何成为部长、是否要有性生活或者不要性生活这样的琐碎事情——你们都很清楚生活中所有这些琐碎而渺小的挣扎。因此，我们一直都将生活的浩瀚运动简化成了这种可辨识的、受到社会尊崇的行动。你们看到了这点，先生们，难道你们没有看到——这个可辨识的时间领域里的行动，以及那个无法辨识的、无止境生命运动的行动？

现在，这就是我们所要提的问题：在这个世界上，我能否活在这种无尽深远的行动感之中，干我的活？还是经由自己琐碎的头脑，我必定会把行动简化成只在可辨识的时间领域里的某种运作呢？我说清楚了吗？

让我以不同的方式提出这个问题。就行动这个角度来讲，爱是不可度量的，不是吗？我不知道你们是否曾经思考过这个问题。现在你们和我一起在面对面地讨论，我们对此也都很感兴趣，并且想发现真相。我们都知道这种美好的感觉、这种爱的感觉是什么。我们正在谈论爱本身，而并非对爱的解释，并非口头上的表达。“爱”这个字并非爱，尽管头脑将它划分成世俗的爱和高尚神圣的爱，但这毫无意义。这种美好的感觉无法言传，也无法经由头脑来识别——这种事我们都知道。爱真是件最了不起的事，其中不存在“另外的”感觉，不存在观察者，只有这感觉。这并非是我感觉到爱，然后抓住你的手把它表达出来，或者采取这个或者那个行动。它就是爱。如果你曾经有过这感受，如果你曾经体验过它，如果你已然了解了它、表达过它、滋养过它，如果你全身心地感受过它，那么你就会看到，一个人是能够怀抱这份感受活在这个世界上的。然后你就能以最杰出的方式教育你的孩子，因为这种感受就是行动的核心，尽管它是在时间领域里的。然而，如果没有这种巨大的活力和热情的感受，我们就会把爱简化成只说“我爱你”，只在时间的领域里运作，只是试图吸引对方的眼球而已。

因此，你看到了问题。爱是无法度量的东西，无法经由头脑拼凑。爱不是多愁善感，和情感主义无关。当你有那种感受时，那么，生活里的一切都很重要、很有意义，你因此就会做有益的事。但是，如果你不了解它的美、它的深度和活力，那么，我们就会试图把爱简化成一种头脑可以占有的、受人推崇的东西。而同样的一套应用到了行动中去，这正是我们现在尝试弄清楚的。

行动就是无止境的运动，无始也无终，也不受任何因果的控制。行动蕴于一切事物之中——大海的运动、杧果种子发育成树的运动等。但是，人的头脑可不是一颗种子，也因此，经由头脑的行动都只是变成了它“过去如何”的一种改良复制品而已。我们的生活总是受环境的影响，尽管环境一直都在变化，但它们永远都在塑造着我们的生活，“曾经如何”，无法改变，而“现在如何”，可以有所突破。因此，我们对生活里的这些浩瀚行动——从地球上小虫子的活动及至广袤天空的活动可能没有任何感知、没有任何感觉吗？如果你真想知道这非凡的东西是什么，这个行动是什么，那么你就必须审视它，你就必须打破在时间领域里行动的障碍，然后你就会知道它是什么，然后你就能带着这种感受而行动——你可以去上班，可以做在时间领域里可辨识的所有的事。但是，你无法经由这个可辨识的时间领域，去发现那“另外的”东西。无论你做什么，你永远都无法经由琐碎渺小的事去发现那不可度量的东西。

一旦你真正地看到这个真相——在时间领域里运作的头脑绝无可能了解那永恒的、时间领域以外的东西——如果你真的看到这点，感受到它，你就会看到对爱有所揣测的头脑，把爱划分成肉欲的、世俗的、高尚的、神圣的，这样的头脑绝无可能发现那“另外的”事物。但是，如果你能感受这些令人惊叹的行动——星星的活动，森林的、河流的、海洋的活动，动物的活动方式以及人类的活动方式——如果你能了知春日里一片嫩叶的美，能了知自天空飘下雨滴的感受，那么，伴随着这种巨大的感受，你就能在可辨识的领域、在时间的领域里行动。但是，在时间领域内的行动却绝无可能通往那“另外的”事物。如果你真的对此了解了，并非是言语上、智力上的了解，而是如果你真的感受到它的意义，对它有所领会，看到它的这种非凡的爱和美，那么，你就会看到其中根本没有意志力的一席之地。而当你对此有了彻底的了解，当你真正感受到自己随之而动，当你的身心全然处于其中时，意志力的行动就会完全消失。然后，你就会看到根本无须意志力，你就会有一种截然不同的活动，然后意志力就如同一条被打了结的绳索，可以被解开了。意志力可以消失，但是那“另外的”事物不会消失，它是不增也不减的。

因此，如果你是在全身心地倾听，全身心地学习，这意味着很深刻地感受，不仅仅只是在理智上倾听言语，那么，你就会感受到这种非凡的学习运动、这种主宰的运动——并非由双手和头脑制造出来的神，也并非在寺庙、清真寺或者教堂里的神，而是这种不可度量的、无止境的永恒之物。然后你就会看到，我们是能够活在这种惊人的宁静之中的。了解所有这些的人，用这种方式生活的人，内在就处于有序的宁静状态，他的行动就是截然不同的，要有效、简洁和清晰得多，因为他的内在不存在混乱和矛盾。

因此，持有各种结论的头脑从来都不谦卑。学会了的人会背负着他所学知识的重担，而学习之中的人却不会，他也因此能登至顶峰。你和我一起讨论了很难言传的东西，而通过互相倾听、共同探讨和了解，我们发现了极其非凡的东西，它是不朽的，而将生活简化成以“我”为中心并执着于这样的生活是极易枯萎的。但是，如果你能完整地看到那种非凡的生活，一旦你深入探究过它、感受过它、汲取了它的清泉，那么，你就可以完全崭新地过着平常的日子，你就可以真正地生活。生活可不是僵死之物能邀请得来的东西。生活是要去投入其中，然后将之抛却脑后——因为不存在“我”要记住这活生生的生活。只有当头脑处在完全谦卑的状态之中，不为自身渺小的生活做打算，也不再辗转于各种观点、经验和知识时——只有如此全然、彻底、完整、不再追寻的头脑才会了知生活是无始无终的、无限的。

孟买，第一次公开讲话，1958 年 11 月 30 日

《克里希那穆提作品集》，第十一卷，第 109 至 113 页

探究行动 第二章

016

生活即存在，是种运动，而这种运动就是行动。

我们今天晚上正在讨论有关行动的问题。而要了解它，不仅仅从言语上、理性上，也要用一个人的全部身心去了解它，那么，一个人就必须超越言语，只有这样才会有交流和共享，才能一起融入有生命力的事物。而且就行动这个问题而言，需要的不仅仅是言语上的解释，更多的是一种共同探索，感受我们是如何带着质疑，共同去探索“什么是行动”这个问题的。

生活即存在，是种运动，而这种运动就是行动。生活——整个生活，不是它的部分，而是存在的整个状态——就是行动。但当我们仅仅只是存活着，就像大多数人那样，那么，行动这个问题就会变得很复杂。存在并不分裂，它并非头脑或者生活的一种分裂状态，在那种“状态”下，完整的行动是有可能的。但是，当我们把存在划分成不同的部分和碎片时，行动就会变得矛盾重重。

孟买，第三次公开演讲，1965 年 2 月 17 日

《克里希那穆提作品集》，第十五卷，第 62 页

生活由始至终都是行动……

不知道你早上是否注意到了，高空中大鸟们飞翔着，却没有挥舞它们的翅膀，只是顺着空气流安静地翱翔着、移动着，这是行动。还有泥土下的虫子，在吃着东西——这都是运动，也是行动。当警察肃穆地站在月台上，这也是行动；当一个人写作、阅读或者制作一座大理石雕像时，这都是行动。一个有家庭的人，在接下来的四十年中日复一日地上班，做些意义甚微的枯燥活儿，就这样没有尽头地、白白地耗尽生命！这也是行动。一名科学家、一位艺术家和音乐家、一位演讲者在做的——这些也都是行动。生活由始至终都是行动——所有的活动都是行动。

贝拿勒斯，拉杰哈特，第三次公开演讲，1965 年 11 月 28 日

《克里希那穆提作品集》，第十五卷，第 344 页

生活即是所有的关系或者行动。你不可逃避这两个事实。

在生活的各个层面上，我们都和行动打着交道——不仅指身体上的行动，也指情感上的行动，心理层面上的、精神上的行动，以及无意识的和有意识的行动——因为这就是生活。生活即是所有的关系或者行动。你不可能逃避这两个事实，虽然关系和行动这两者其实是同义词。我们把“行动”划分为已经做的事、现在要做的事和将要做的事。它是种运动，既是种持续的运动，也是种杂乱的运动。对我们大多数人而言，它是杂乱的。我们生活在各种不同的层面：有办公室的生活、家庭的生活、公众舆论的生活，也有我的恐惧、我的信仰、我的观点、我的意见和我的局限，或者各种社会压力和影响下的生活等。我们生活在这些层面里，这些层面杂乱而彼此互不相干。

贝拿勒斯，拉杰哈特，第三次公开演讲，1963 年 12 月 8 日

《克里希那穆提作品集》，第十四卷，第 68 页

正确的行动来自于对关系的了解，也就是揭露自我的过程。

因此，关系就是我们的问题，若没有对关系的了解，活动就只是在制造更多混乱和不幸。行动也即关系：存在即是相互关联。你可以随性而为——隐退到山上、静坐于树林里——但你不可能遗世孤立，你在关系中才能生存，而只要对关系没有了解，就不可能有正确的行动。正确的行动来自于对关系的了解，也就是揭露自我的过程。自我了解即是智慧的开端，它属于慈悲、热情和爱的范畴，因此它是一片遍地花开的领域。

浦那，第四次公开演讲，1948 年 9 月 19 日

《克里希那穆提作品集》，第五卷，第 96 至 97 页

一个人要如何发现，如何感知，以及如何活在活生生的此刻，活在一种全然、完整而非部分的行动中呢？

很不幸，我们已经把行动划分成了各种碎片：高贵的行动、卑劣的行动、宗教的行动、科学的行动、改革家的行动、社会主义者的行动以及共产主义者的行动等。我们将行动四分五裂，因此，各个行动之间都存有矛盾，我们并没有对行动的整体运动有所了解。

在我们的生活里，你在家的活动和在公司的活动并没有多大区别。你在公司和在家同样都野心勃勃。在家里，你支配、压迫、唠叨和强迫他人——在性和很多方面皆是如此。在外面，你也一样。一颗追求寂静的头脑，它会说："我必须发现真理。"而这样的头脑也依然在野心勃勃的行动之列。

那么，成熟就是了解了行动是一个整体，而非碎片。我并非在定义"成熟"，因此请不要依凭知识去了解它的含义，或者去学习其他的定义。你可以看到，只要行动是四分五裂的，那么肯定会存在矛盾，也因此肯定有冲突。

因此，一个人要如何发现，如何感知，以及如何活在活生生的此刻，活在一种全然、整体而非部分的行动中呢？我是否把问题表达清楚了？我们必须了解这个问题，因为我们的行动都是四分五裂的——宗教的行动、商业的行动、政治的行动、家庭的行动等，各不相同，至少在我们的头脑中是如此的。因此，市井之人说："我不可能成为宗教人士，因为我必须谋生。"而宗教人士则说："你必须远离俗世，去发现神明。"因而，每个行动都处于矛盾之中。而由这矛盾滋生出努力，滋生出悲伤、恐惧、痛苦等。

因此，是否有一种全然的行动，这样的话，行动就不会四分五裂，这样的行动就是生活——全然的生活呢？除非一个人了解了这点，否则，我们所有的行动都会矛盾重重。因此，一个人要如何了解它？不是"已经了解"或者"要去了解"，而是实实在在地"了解"了这种全然、不分裂的行动。对吗？我已经提出了这个问题。如果这个问题弄清楚了，那么我们就可以继续讨论下去了。

贝拿勒斯，拉杰哈特，第三次公开演讲，1965 年 11 月 28 日

《克里希那穆提作品集》，第十五卷，第 344 至 345 页

行动即是生活。除非我变得完全麻木、僵化或者不敏锐，否则我肯定会有所行动。

克里希那穆提：……我要如何结束行动中的冲突呢？

提问者：不行动。

克里希那穆提：我的生活就是行动。讲话是行动，呼吸是行动，观看是行动，坐车、回家都是行动。我做的一切都是行动，可你却对我说："不要行动！"这是不是指，我就停在原地，不思考、不感受，变得麻木和僵化呢？

提问者：心念，是不真实的，它和真实从不可能一致。

克里希那穆提：我意识到行动即是生活。除非我变得完全麻木、僵化或者不敏锐，否则我肯定会有所行动。我看到所有的行动都滋生了更多的痛苦、更多的冲突和艰辛。我要弄清楚：是否有一种行动，其中是没有冲突的。

萨能，第三次公开对话，1966 年 8 月 5 日

《克里希那穆提作品集》，第十六卷，第 271 页

第三章 全然的行动与不完整的行动

有没有可能直接、即刻地看到事情的真相，并据此即刻行动……

对我们大多数人而言，行动是四分五裂的。在观念和行动之间存有一个间隙，我们都持有各种规则、模式、概念和标准，并据此去行动，或者让行动趋近于这些观念。这是我们自身的局限，也是我们的生活方式——我们所有一系列的活动都基于此。首先，我们构思、规划，制造出一种标准、理想和“应该是”的东西，然后，我们依据这些去生活和有所行动。因此，我们的问题是：如何缩小行动和观念之间的这个间隙，如何让这两者弥合？在这间隙之中存在冲突，存在着时间的延续，因为依据这些观念，我们需要时间去完成行动。

因此，今晚我想说的是，让问题生了根的头脑要停止行动。因为行动总是在活生生的此刻、在这活泼的此刻。当问题最终变成了需要被解决的东西时，观念就会变得很重要，而不是行动重要。

请注意，了解这点对了解我接下来要讲的内容非常重要。我并没有准备讲话的内容，我是边思考边说，因此，你内心也必须大声思考，关心你自己的内心过程，觉察它们，这样子我们就能走在一起。

对我而言，如果行动是由一种观念所引导的，那么就根本不存在行动。如果行动受限于一种观念、一个准则或者一种概念，那么重要的根本就不是这行动，而是这些想法。因此，在行动和观念之间就有冲突。有没有可能即刻行动而不持有任何观念？——毕竟这才是我们所指的爱。有没有可能直接、即刻地看到事情的真相，并据此即刻行动——而不去思虑结果、影响和原因，只是依据所看到的真相即刻行动呢？请务必思考一下。

新德里，第四次公开演讲，1963 年 11 月 3 日

《克里希那穆提作品集》，第十四卷，第 20 至 21 页

立足于观念之上的行动非常肤浅，根本不是真正的行动，只是在构思，也就是在进行着思想过程。

我们此刻的行动是什么？我们所指的“行动”又是什么意思？我们的行动——我们想做的或者想成为的——都是基于观念之上的，不是吗？这是我们所知的。我们持有各种观念、理想、承诺，以及有关我们是什么以及不是什么的各种标准。我们行动的根本就是要在将来得到回报，或者是由于害怕惩罚。我们都了解这些，不是吗？这样的行为是孤立的，是自我封闭的。你持有美德的观念，在关系中，你据此观念生活和行动。对你而言，无论是集体的关系还是个人的关系，这些关系都是朝向理想、美德以及成就等的行动。

当我的行动是立足于理想，即一种观念之上时——就如“我必须勇敢”“我必须向榜样学习”“我必须具有社会意识”等——这些观念塑造了我的行动，指导着我的行动。我们都说：“我必须有个美德榜样来学习。”

也就是说："我必须依此生活。"因此，行动都是立足于这个观念之上的。在行动和观念之间，有一条鸿沟、一种分裂，存在着时间的进程。就是如此，不是吗？换句话说，我并不仁慈，我没有爱，我内心并不宽容，但是，我觉得我必须仁慈。因此，在我真实的样子和我应该是的样子之间有个间隙，我们一直都在试图弥合这个间隙，而这就是我们的活动，不是吗？

那么，如果不存在观念，会发生什么？你一下子就消除了这个间隙，你就是你真实的样子。你说："我很丑，我必须变美，我该怎么做？"——这是基于观念的行动。当你说"我不仁慈，我必须变得很仁慈"，你就引入了观念，而它是与行动脱节的。因此，从来没有立足于你真实样子的行动，而总是基于你将来会成为的样子的理想来行动。愚蠢的人总说他会变聪明。他长久伏案工作，为将成为的样子而努力，他从不停下来，也从不说："我很蠢。"他的行动都是立足于观念之上的，而这根本不是行动。

行动意味着做和前行。当你持有观念时，相关的行动就仅仅是在进行构思，进行着思想过程。如果没有观念，会怎么样？你就是你真实的样子——你不仁慈、不宽容、很冷酷、很愚蠢，也很轻率。你能否与之共处？如果你能，那么看看会发生什么。当我认识到自己不仁慈、很愚蠢，当我觉察到这些时，会怎么样？难道不就有了仁慈，难道不就有了智慧吗？当我彻底认识到自己不仁慈，不是言语上，并非假装，当我认出我不仁慈、毫无爱心，就在这些看到“现在如何”，爱不就出现了吗？我难道不就立即变仁慈了吗？如果我看到干净的必要性，就会很简单，我就会去清洁。但是，如果这只是一种观念，也就是说，我应该很干净，那么会怎么样？我就会拖延清洁，或者只是表面上清洁一下。

立足于观念之上的行动非常肤浅，根本不是真正的行动，只是在构思，也就是在进行着思想过程。

《最初和最终的自由》，第 243 至 244 页

只有当行动和观念两者趋近时，才会有时间的存在。

对我们而言，观念变得极其重要，而非行动，行动只是去趋近于观念而已。有没有可能不抱持任何观念而

行动，也因此，任何时候都不会存在这种趋近了呢？这实际上意味着，一个人必须对这个问题做深入的探究——为什么观念会替代了行动。人们谈论行动，正确的做法是什么呢？正确的做法并非是一种与行动相脱离的观念，因为，那样行动就会变成对这种观念的趋近，观念依然是重要的，而非行动。因此，你要如何全然、彻底地行动，不是趋近，而是一直都全然地生活呢？这样的人不需要观念，不需要各种概念、准则和方法。然后，时间无存，只有行动，只有当行动和观念两者趋近时，才会有时间的存在。

也许这听起来很夸张、很荒唐，但是，如果你深入探究过思想的问题，探究过观念的问题，而且不行动你是无法生活的，那么，你就会问："有没有可能不持任何观念、无须言词，只是生活在行动中呢？"只有当对思想的机械性有所了解时，行动才不会去趋近观念。无疑，如果你能自己思考这些，你就会看到这是件多么了不起的事。

贝拿勒斯，拉杰哈特，第六次公开演讲，1962 年 1 月 12 日

《克里希那穆提作品集》，第十三卷，第 44 至 45 页

如果你能全然倾听别人所说的话，那么在这份倾听里，你就会发现有一种自由……

恳请你们注意，既然你们费尽周章来到这里，我可否建议：在倾听我所讲的内容时，你要听完，而不要只撷取碰巧适合你的一鳞半甲去听，要倾听全部，这样你就会看到这整件事环环相扣。如果你只听取一鳞半甲，那么你就只是拥有了一些余灰，这些余灰将会制造更多的痛苦、悲伤和混乱。

而且，倾听本身的确是一门艺术。我们大多数人从来没有真正地倾听过，都是漫不经心地在听。我们在听别人讲话时，心却在别处，要么，我们的心只听取字面的意思，这种直接的反应阻碍了我们倾听言外之意。因此，倾听是一门艺术，而如果你能全然倾听别人所说的话，那么在这份倾听里，你就会发现有一种自由，因为，如此地倾听是未经计划、未经谋划的，它是真实的行动，你整颗心都在那儿，全神贯注。如果你只是倾听而不去解释、不去回忆某本老书上的释义，或者把它和看过的内容做比较，那么你就会发现，你的头脑已然经历了一次真正彻底的改变。

马德拉斯，第四次公开演讲，1956 年 12 月 23 日
《克里希那穆提作品集》，第十卷，第 185 页

倾听本身应该是种全然的行动，必定不是四分五裂的行动，必定不是公式化的……

因此，今天早上我会建议，正如每天早上我所建议的那样：倾听本身应该是种全然的行动，必定不是四分五裂的行动，必定不是公式化的，以及由意志力驱使的行动，而是全然的行动，正因为是全然的行动，所以终结了所有的堕落。

萨能，第九次公开演讲，1965 年 7 月 29 日
《克里希那穆提作品集》，第十五卷，第 235 页

如果我们能把行动作为一个整体的事情去了解……那么这份对整体行动的了解将会带来特有的正确行动。

如果可以的话，我想就“怎么做”来讨论一下，不仅当下“怎么做”，也包括将来“怎么做”，我也想和你一起探讨一下行动的整个意义。但是，在深入探讨它之前，我认为我们必须说清楚：我不是在说服你采取任何特定的行动，这么做或者那么做，所有的说服，其实都是种宣传，无论被认定为是好的还是坏的，本质上都具有破坏性。因此，让我们把这点清楚地牢记在心，即：你和我是在一起探讨问题，我们关心的不是某种特定的行动——明天做什么，或者今天做什么，而是如果我们能了解有关行动的全部含义，那么我们就有可能解决所有的细节问题。

对我而言，只关心一种特定的行动，而没有对行动的整个意义有所了解，那么这就很具破坏性。无疑，如果我们只关心局部而非整体，那么所有的行动都很具破坏性。但是，如果我们能把行动作为一个整体的事情去了解，如果我们能自己去摸索，领会它的含义，那么这份对整体行动的了解将会带来特有的正确行动。这就像是看着一棵树，这棵树不仅指叶子、枝条、花朵、果实、树干，或者树根——它是一个整体的东西。去感受一棵树的美，就是去觉知它的整体——它令人惊叹的形态以及在风中沙沙作响的树叶。除非我们能感知它的整体，否则，仅仅看着它的一片叶子意义甚微。如果我们能感知这整棵树，那么它的每片叶子、每根枝条都有其意义，对这一切我们会非常敏感。毕竟，对美好事物的敏感就是去觉知它的整体。只对局部进行思考的头脑绝不可能觉知到整体。整体之中包含局部，但是，局部绝无可能涵盖整体和全部。

新德里，第三次公开演讲，1960 年 2 月 21 日

《克里希那穆提作品集》，第十一卷，第 341 页

034

只有全然的行动才能带来智慧……

全然而完整地生活，似乎是生活中最困难的事情之一——不是四分五裂地活着，而是作为一个完整的人活着——无论你是身处公司，还是待在家里，或是漫步于林中。只有全然的行动才能带来智慧，全然的行动即是智慧。但是，我们都生活在碎片之中。作为有家室的人，就会忽视除家庭以外的一切；作为宗教人士——就持有特定的理论、观念、不同的信仰和教条。一个人总在不断地努力，要在地位、职位、声望上有所成就，无论这地位是世俗世界的，还是圣人世界的。他总在努力，努力。头脑从没有一刻是完全清空的，因而也不得寂静。而寂静之中就会产生行动。我们不再是原创性的，正如我们一再说过的那样，我们都是环境、境遇、文化以及我们身处其中的传统的产物，而我们也都接纳了这些。而要有所转变则需要极大的能量。

新德里，第四次公开演讲，1966 年 12 月 25 日

《克里希那穆提作品集》，第十七卷，第 119 页

当一个人全身心投入时，就会有全然的行动。

当一个人全身心投入时，就会有全然的行动。当你的思维混乱时，行动就是毫无章法的。我们大多数人用头脑思考很多的事，这也就是为什么我们有时候想一套，做一套，举棋不定，很矛盾。要了解事情的真相，不仅仅需要用头脑思考，还需要全身心地投入其中。

马德拉斯，第一次公开演讲，1964 年 12 月 16 日

《克里希那穆提作品集》，第十五卷，第 6 页

我们不仅仅会谈到行动，也会谈到慈悲，因为行动本身就蕴含着慈悲。

我们有时候不会全然地思考，而只是凌乱地思考。我们在某个层面所想的和处在另一层面的想法是互相矛盾的。我们在某一层面上是如此感受，但在另一层面上

又将之否决。也因此，我们的日常行动同样是如此矛盾和支离破碎，这样的行动孕育了冲突、痛苦和混乱。

请注意，这些都是心理学上很显然的事实，要去了解这些，你不必去看任何有关心理学或者哲学的书，因为你内在就有本书，这本书由数世纪以来的人共同汇总而成。

因此，我们不仅仅会谈到行动，也会谈到慈悲，因为行动本身就蕴含着慈悲。慈悲并不脱离于行动，它并非是要用行动去与之趋近的观念。请务必看看这点，仔细地思考它，因为对我们大多数人而言，观念很重要，我们依据观念才有所行动。而正是这种与行动相脱节的观念制造了冲突。行动蕴含慈悲，行动不仅仅存在于技术层面上，或者存在于丈夫和妻子、个人和社会之间的关系层面上，它也存在于一个人生活的全部活动里。我正在说的是全然的行动，而非四分五裂的行动。当存在观察时，就没有观察者——观察者是种观念、是个字眼——你就开始了解这整个被称为自我、“我”的复杂事物，然后，你就会对这种全然的行动有所了解——而不是那种处于冲突之中的、分裂的、支离破碎的行动。

萨能，第四次公开演讲，1963 年 7 月 14 日

《克里希那穆提作品集》，第十三卷，第 298 至 299 页

让我们一起去发现，我们所说的“不持观念的行动”是何意思。

提问者：为揭示真相，你提倡“不持观念的行动”。有没有可能，始终处于行动之中而不持任何观念，也就是心中不抱有任何目的?

克里希那穆提：我没有提倡任何事，我不是个政治或者宗教的宣传者，也不是在邀请你体验任何新事物。我们所做的一切，只是尝试弄清楚何为行动，并非是你追随我去发现真相。如果你这么做，就永远无法发现真相，你就只是在言语上明白了而已。但是，如果你想自己去发现真相，作为一个个体，你想弄清楚何为观念和行动，那么，你就必须对它做深入的探究，而不是接受我所说的或者我体验的，也许我所说的和经验的完全是错的。当你必须要弄清楚真相时，你就必须抛开有关跟从、追随、提倡、宣传者、领袖或者榜样的整套观念。

因此，让我们一起去发现，我们所说的“不持观念的行动”是何意思。请你们自己对此花些心思，不要说：“我不懂你说的。”让我们一起去发现真相，也许这有些难，但是让我们一起来做一下探究吧。

马德拉斯，第七次公开演讲，1952 年 1 月 26 日

《克里希那穆提作品集》，第六卷，第 291 页

第四章 全然行动的障碍

要有所行动，我们就必须找出阻碍我们行动的这些障碍。

只要行动基于观念之上，就不可能有截然不同的转变和革命，因为这种行动只是种反应。观念因此变得比行动重要得多，这恰恰是世界上正在发生的，不是吗？要有所行动，我们就必须找出阻碍我们行动的这些障碍。但是，我们大多数人并不想行动——这就是困难所在。我们更喜欢讨论，用这种思想体系替换另一种思想体系。借助这些思想体系，我们因而逃避了行动。

科伦坡，第二次公开演讲，1950 年 1 月 1 日

《克里希那穆提作品集》，第六卷，第 54 页

对我们大多数人而言，行动不是最重要的，关系也不是最重要的，而观念要比所有这些因素重要得多。

我们赋予各种思想、观念、概念和规范非凡的意义。身体上的规范是必需的，但是心理上的规范究竟是否必须呢？

我并不是说我们应该很愚蠢、很无知和迟钝，而是说，为什么我们赋予了头脑、思想和智力如此非凡的重要性呢？如果一个人不重视智力，那么他就会重视情感和情绪。但是，大多数人因为对情感和情绪感到难为情，于是他们就崇尚智力。为什么？当我提出问题时，恳请你们，和我们一起找出答案。生活中各类书籍、理论以及整个知识领域都被我们看得很重。为什么？如果你很聪明，你也许就能谋得一份更好的工作。如果在技术上你受过高级培训，那么你就有某种优势。但是，为什么我们会把观念看得如此重要呢？是不是因为不行动，我们就无法生活呢？所有的关系都是种活动，而活动也即行动。当观念与行动脱离时，观念就变得相当重要。对我们大多数人而言，行动不是最重要的，关系也不是最重要的，而观念要比所有这些因素重要得多。

生活中的各种关系，构成了我们的生活，这些关系都基于组织起来的记忆，也即观念之上。观念支配行动，也因此关系只是种概念，而非真实的行动。我们认为关系应该这样或者应该那样，实际上我们并不了解何为关系，所以观念对我们来说就变得无比重要。智力，也即各种信仰、观念，以及应该怎样和不应该怎样的各种理论，就变得无比重要。而因为观念具有时间性，所以行动就具有了受时间约束的属性，也就是说，行动引入了时间。

我们的行动从来都不是即刻和自发的，从来都和“现在如何”无关，而是和“应该如何”以及观念联系在一起，如此，观念和行动之间就会存在冲突。

伦敦，第六次公开对话，1965 年 5 月 9 日

《克里希那穆提作品集》，第十五卷，第 141 页

我认为很重要的是去弄清楚为什么古往今来的人，赋予了观念如此非凡的重要性。

了解这点很重要：为什么我们要制造或者制定观念。头脑究竟为什么要制定观念？我所说的“制定”，是指各种观念的结构——哲学的观念、理性的观念，或者人道主义的观念，抑或唯物主义的观念。观念被组织成为思想，然后，人们就生活在这种被系统化了的思想、信念和观念之中。这就是我们都在做的，无论我们是有宗教信仰还是无宗教信仰。我认为很重要的是去弄清楚为什么古往今来的人，赋予了观念如此非凡的重要性。我们究竟为什么要制定观念？……如果一个人观察自己，就会发现自己漫不经心时，就会制造观念。当你全然活跃时，需要全部注意力——这就是行动——其中就不存在观念，你就是在行动。

孟买，第七次公开演讲，1965 年 3 月 3 日

《克里希那穆提作品集》，第十五卷，第 89 页

究竟是观念产生了行动，还是观念只塑造了思想，因而使行动受到了限制呢？

如果我们从最根本的词义上来了解“行动”，那么，这种了解也会对我们肤浅的活动有所作用。但是，首先我们必须了解行动的基本属性。行动是由一种观念引发的吗？你是先有一个想法，然后行动？还是先有行动，然后才有了想法，因为行动制造了冲突，所以你就为此而制造出一种观念呢？是行动制造了行动者，还是先有行动者呢？

弄清楚先有哪个，这很重要。如果先有观念，那么行动就只是去符合这个观念，因此，这就不再是行动，而只是依据某种观念去模仿和强制而已。认识到这点很重要，因为，我们的社会主要建立在知识或者言语层面上，观念会首先伴随我们而来，然后才有行动。行动就成了观念的奴仆，很显然，仅仅树立各种观念对行动很不利。观念会引发更进一步的观念，而当引发更进一步的观念时，就会存在对抗，随着这种观念化的智力过程，社会也会变得很不稳定。我们所处的社会是知识化的社会结构，我们也都以生活中各方面作为代价来培养智力，各种观念几乎弄得我们快窒息而死。

究竟是观念产生了行动，还是观念只塑造了思想，因而使行动受到了限制呢？当行动由观念所驱使，行动就绝无可能解放人类。对我们而言，了解这点极其重要。所以，如果行动由观念塑造而成，行动就绝不可能解决我们的痛苦。在将其付诸行动之前，我们首先必须弄清楚观念是如何形成的。对观念的形成以及累积的探究——无论是社会主义者的观念、资本主义者的观念、共产主义者的观念，还是各种宗教信仰的观念——是最重要的，尤其当社会濒于危险边缘，招致更多的灾难和消亡时。真正找出人类诸多问题解决之道的人，他们首先必须对观念形成的过程有所了解。

我们所说的“观念”是何意思？观念是如何形成的？观念和行动是否能一致？假设我有个想法，我想贯彻这个想法，我就会找方法去实施它，做各种推测，耗费时间和精力去争论该怎么贯彻这个想法。因此，弄清楚观念是如何形成的很重要，这之后我们才能讨论有关行动的问题。只想知道如何行动，而没有对观念做探讨，这毫无意义。

那么，你是如何有一个想法的？——非常简单的想法，不需要是哲学的、宗教的或者是有关经济的。很显然，想法是一种思想的过程，不是吗？想法是思想过程的产物。没有思想过程，也就不存在想法。因此，在我了解思想过程的产物，也即想法之前，我必须了解思想过程本身。我们所指的“思想”是何意思？你什么时候会思考？很显然，思考是一种神经上或者心理上的反应结果，不是吗？它是对知觉即刻的官能反应，又或者它是心理上的，是所存储记忆的反应。有对知觉即刻的神经反应，也有对已有记忆的心理反应，还有受种族、社团、上师、家庭，以及传统等的影响——所有这些你都称为思想。因此，思想过程就是记忆的反应，不是吗？如果你没有记忆，也就不存在各类思想，对某种经验的记忆反应就是将思想过程付诸行动。

《最初和最终的自由》，第 52 至 53 页

我们 99.9% 的行动都是对某种信仰，某个想法、概念以及某个意象的趋近。

我必须依据事实、依据“现在如何”，或者依据我自己所发现的真相而行动。我们必须行动，我必须探究和了解何为“行动”。如果我没有充分了解行动，只关心改变事实，以及对它做点什么，那么我就不可能去面对事实。我必须了解何为行动，而我们 99.9% 的行动都是对某种信仰，某个想法、概念以及某个意象的趋近。我们的行动总是在试图模仿和顺从观念。我有种观念，比如我应该很亲切，我是名共产主义者，或者我是个天主教徒——依据这种观念，我采取行动。我有某些快乐或者痛苦的记忆，或者极度恐惧的记忆，也即，对恐惧持有某种意象，通过这些记忆，我采取行动，趋利避害，只为更大的愉悦和利益而行动。所有这些都是观念化，并依据这些观念，我采取行动。持有一个观念去行动，那么观念和行动之间就有冲突。观念即观察者，我要采取的行动即所观之物。

萨能，第三次公开讨论，1966 年 8 月 5 日

《克里希那穆提作品集》，第十六卷，第 268 页

当我们看到，行动要是在趋近于某种观念，那么，这就不是行动，我们就会抛开所有的观念，并了知何为行动。

提问者：在一个小村庄里有一条毒蛇，有一个女人正伤心地号啕大哭，因为她的小孩被毒蛇咬伤致死。我是杀了这条蛇，还是放了它？我该怎么做？

克里希那穆提：你会怎么做？在你来到这个帐篷里被告知怎么做之前，你是要一直等着吗？还是你在那儿就会做点什么？你会有所行动！如果你很冷酷、很冷漠，你就会袖手旁观；但是，如果你受到了触动，你实际上就会即刻有所行动。先生，我们所有的活动都立足于观念之上——我们必须帮助他人，我们必须很善良，这是对的，那是错的。所有的行动都受到观念，我们的国家、文化，以及我们所吃食物的限制。因为这些行动都立足于观念之上，所以都受制于这些观念。当我们看到，行动要是在趋近于某种观念，那么，这就不是行动，我们就会抛开所有的观念，并了知何为行动。观察我们是如何将行动弄得四分五裂的，这很有趣——正直的行动、不道德的行动、正确的行动、准确的行动、高尚的行动、卑贱的行动、国家的行动以及遵从教会的行动。如果我们能了解到，这样的行动毫无价值，我们就会有所行动。我们就不会问要如何行动，或者要怎么做，我们就会行动，那刻的行动就是最美的。

萨能，第八次公开演讲，1966 年 7 月 26 日
《克里希那穆提作品集》，第十六卷，第 241 页

你很暴力……你为什么不能看着这暴力？你为什么要持有非暴力的理想呢？

请注意，先生们，你们都极其不幸地仰赖各种理想长大成人。理想只是文字而已，无论怎样，它们都没有丝毫意义，没有什么实质内容。它们只是空虚而又轻率的头脑所产的空洞之物！你持有非暴力的理想长大，你在全世界到处宣扬非暴力。非暴力是种理想。而事实就是你很暴力，你的姿态、你和上司或者下属讲话时的方式都很暴力。请你们倾听一下自己，我只是指出事实而

已。你很暴力——你的姿态、你的思想、你的感觉，以及你的行动都很暴力。你为什么不能看着这暴力？你为什么要持有非暴力的理想呢？事实是你很暴力，理想是非事实的。你因此在内心制造了一个矛盾，阻碍了你去看暴力这个事实，当你看着事实时，你就能处理它，你就会承认自己很暴力，并接受这个事实，然后说："我很暴力，我不要成为一个伪君子。"或者你会说你很暴力，并且很享受，又或者你会不持任何理想地看着它。只有当不持有任何理想、观点和评判时——这样，你才能看一个事物或者事实，又或者"现在如何"。然后事实就会带来很强烈的即刻的行动。只有当你对事实持有观念时，你才会拖延行动。当你确实意识到你很暴力时，你才会看着暴力，才会对它做很深入的探究，然后，无论能不能从中解脱出来，你都对有关暴力的一切、对它的本质有所了解了——这不是种概念，而是事实如此。因此，具有宗教精神的头脑不抱持任何理想，没有榜样，也没有权威，因为，事实是唯一重要的事，而它需要紧迫的行动。

马德拉斯，第四次公开演讲，1964 年 12 月 27 日

《克里希那穆提作品集》，第十五卷，第 25 页

生活从来都不会停滞不前，它不会投身于任何事，它处于永恒的运动之中。

不去成为一名共产主义者，或者社会主义者，又或者这个和那个，是很难的事，去深入探究什么是全然的行动也是件很难的事。我们大多数人都投身于某件事或者别的什么，这样的人是没有学习能力的。生活从来都不会停滞不前，它不会投身于任何事，它处于永恒的运动之中。而你却想把这活生生的东西转化成特定的信仰或者思想体系，这相当幼稚。

新德里，第二次公开演讲，1959 年 2 月 11 日

《克里希那穆提作品集》，第十一卷，第 164 页

有些人的理想成了种消遣，它是部小说，是个神话，而非一种真实存在。

此刻，当你观察观念为何变得很重要，当你觉察模

式为何被赋予如此非凡的意义时，你就能看到为何如此了。因为，它往往会拖延行动。我很暴力，但我持有非暴力这种极棒的观念，非暴力是种理想，我会追随这种理想而不去行动，因为我仍然想变得非暴力。因此，这是对暴力这个事实的逃避。如果我不持有非暴力的理想，我就能够着手处理事实了。

有些人的理想成了种消遣，它是部小说，是个神话，而非一种真实存在。真实就是“现在如何”，也即暴力。而我们以为：持有像非暴力这样的理想，我们就能推开自己身上的暴力——这从来都不会发生，也绝不可能发生。因为只有当我们处理事实时，才会有行动，而非处理观念时。因此，这就是原因之一：观念或者模式提供了拖延和逃避事实的通道。要持续某个特定的行为，观念就变得很重要。昨天我这么做了，今天和明天我还要这么做——观念提供了一种延续，或者成了阻碍行动的习惯，它仅仅是在贯彻某种规则，因而变得很机械化。生活不是机械的，而是需要活出来的，它是每一刻都在变化着的行动。

因此，观念为延迟行动提供了通道。观念越多，你持有的理想也就越多，就会变得越拖延。请务必看到这点：当你出于观念采取行动，你就不是活生生的，因为你活在一个虚构而不真实的世界里。因此，逃避、拖延以及提供延续，都会让你养成习惯，然后出于这习惯而运作——那是记忆，因而很机械化。因此，你能看到，观念不会带来热情。我认为了解这点很重要：要行动，你必须心怀热情；要做事，你必须怀揣强烈情感。否则就会很机械化。如果持有任何观念，你都不可能拥有直接而热烈的情感和热情。

贝拿勒斯，拉杰哈特，第三次公开演讲，1963 年 12 月 8 日

《克里希那穆提作品集》，第十四卷，第 69 至 70 页

欲望，即渴望做某事，促使我们把自己投身于某种特定的行动过程之中。

为什么，我们会有这种把自己投身于某物的强烈欲望呢？无疑，这种强烈欲望的原因之一，就是我们看到了混乱、痛苦和退化，而我们想对此有所作为，已经有人在这么做了。共产主义者、社会主义者、各类政治党派和宗教团体——他们都声称要扶贫救济，给穷人食物、

衣服和住所。他们高谈人们的福利，并且很有说服力。他们中的一些人弃世、苦行、从早到晚专注一事或者别的什么，看到这些，我们说："这些人多了不起啊。"因为希望提供帮助，我们就加入他们——我们就此投身进去。请跟上这之中的逻辑。将自己投身于一个政党或者一个运动之后，我们就通过这个特定的窗口看待一切，我们并不想这种特定的行动过程受到干扰。我们以前总是受到干扰，而现在我们做了选择，处在一种相对安稳的状态之中，不想再受到任何干扰。但是，还有其他的政党和运动，宣称的都是同样的东西，每个政党也都拥有着聪慧的领袖，彰显着非凡、显而易见的正气。

因此，欲望，即渴望做某事，促使我们把自己投身于某种特定的行动过程之中。我们并未留意观察，这样的行动过程是否包罗了人的整体。你了解吗？我会解释我刚才说的。任何特定的行动过程都是排他的，因而只关注了人的一部分，它并没有关注人的整体——他的头脑、他的人文素质、他的善良等所有这一切。它是种局部的关注，而非整体。

而我们不仅仅把自己投身于特定的行动过程之中，也投身于特定的信仰或者生活方式之中。一个人成为修行者、僧侣或者圣人，他就会宣誓独身、清贫地生活、做祈祷，要这么做或者不要那么做，他就投身于那种模式里了。为什么？因为这是种微妙的逃避，是解决他所有难题的一种方式，避免了生活不断地拍击他的心灵之堤。他不能领会这种生命运动，完全不了解与之有关的一切，但至少他的自律和信仰给了他安全感，最终总会找到归宿的。因此，投身于这样过程的人相当快乐。他说："有什么好怀疑的？一切都很清楚，来加入我们吧，你也会相信这一切的。"对此我并没有讽刺或者苛责的意思。我只是在指出事实，并非是在做批评，而你只是在看。

贝拿勒斯，拉杰哈特，第四次公开演讲，1960 年 2 月 7 日

《克里希那穆提作品集》，第十一卷，第 324 页

独立，意味着觉知到各类信奉的全部含义，这些信奉都源自于人类自身的混乱。

今晚我们能否自己弄清楚：对于头脑来说，对于已经意识到自己是混乱的，意识到自己投身于特定的行动过程——社会的或者宗教的，这样的头脑有没有可能

停止信奉？不是因为别人告诉你要这么做，而是通过你自己的了解：投身于任何特定的思想或者行动的模式之中，都会造成更多的混乱。如果头脑想要清明，想要从所有的混乱中解脱出来,是因为它了解到自由的必要性，那么，这份了解就会使头脑从信奉中解脱出来，而这是最难做到的事情之一。我们之所以信奉是因为，我们认为这种投身会通向某种清明，通向某种便利的行动。而如果我们没有信奉，我们就会感到迷茫，因为我们周围的人都有所信奉。我们参加这个社团或者那个社团，去拜见这个老师或者那个老师，又或者追随某个领袖人物等。每个人都深陷其中，而无所信奉则需要去觉察何为信奉。如果我们觉察到危险，很清楚地看到了它，我们就不会去碰触和靠近它。但是，要清楚地看到它很难，因为头脑会说：“我必须有所作为、有所行动，我不能坐等，我该怎么做？”无疑，混乱、困惑不安的头脑首先必须意识到它是不安的，并了解到出于这种不安的任何活动只会制造更进一步的不安。无所信奉意味着彻底地独立，而这需要对恐惧有很透彻的了解。我们都看到了这世界正在发生的事。没有人想要独自一人，我的意思不是和一台收音机、一本书单独待着，或者独自坐于树下，又或者换个名字或称号隐居于寺院里。独立，意味着觉知到各类信奉的全部含义，这些信奉都源自于人类自身的混乱。当一个成熟的人想要从混乱中解脱出来时，他就会对混乱这一事实有所觉知。由此，就会有一种改变，然后一个人就是孑然独立的，他是真正无惧的。

我们要怎么做？我们很清楚地看到了，任何源自混乱的行动都只会导致更多的混乱。这很简单，很清楚。那么，何为正确的行动？我们都依靠行动而活，不可能不行动。生命的整个过程就是行动。我们必须再次深入探究何为行动。我们对于源于混乱的行动都相当熟悉，我们都希望通过这样的行动来获得安全和清明。如果我们能看到这点，而不去信奉任何思想、哲学或者理想的模式，那么，何为行动？在我们讨论了所有这些之后，这是个相当合理的问题。

纽约，第三次公开演讲，1966 年 9 月 30 日

《克里希那穆提作品集》，第十七卷，第 17 至 18 页

我们所有的思想，无论是高尚的、优雅的还是狡猾的，都是我们的经验和知识的产物。

观念、概念、模式皆源于我们的思想，反过来，思想是立足于我们的局限之上的。我们所有的思想，无论是高尚的、优雅的还是狡猾的，都是我们的经验和知识的产物。没有过去，也就没有思想。思想只是记忆的反应。而我现在所谈的是没有记忆反应的行动，那就意味着生活，却不带有任何作为记忆反应的思想。

萨能，第四次公开演讲，1962 年 6 月 29 日

《克里希那穆提作品集》，第十三卷，第 233 页

反应就会导致不完整的行动，并因此使得更多的冲突和更多的痛苦得以延续。

因此，头脑只关心它自己，我们大多数人都是如此。在某些层面你必须关心自己，如物质层面——谋生。但是，在更深层面上，也即在心理层面上，自我关心孕育了拖延，也即怠惰。如果你从心理上、从内在观察你自己，以及你周边的世界，你就会看到你的行动只是种反应，你所有的活动都只是一种喜欢或者不喜欢的反应。

请你们多少跟上我所说的，因为，我想展示的是：有一种行动，它不是任何反应的产物或者观念的产物。我想展示出：有一种行动，它是全然否定反应后的产物，因此这样的行动是创造性的。去了解这点，去深入探究这个问题——这真的不复杂，它是头脑的一种非凡状态——你必须了解这些造就你日常行动的反应。我们反应，我们反抗、积累、防卫、抵抗、获取、服从——所有这些都是反应。

我和你说话，而你不喜欢我说的，你就会对你不接受的部分做出反应。我们一直都在这个层面上行动。

你被抚养长大，局限于某种特定的生活模式，这就是你的日常生活，你的生活模式，内在和外在皆是如此。而当这些被质疑时，你就会按照你的局限和你的习惯，做出反抗和反应，从这些反应中又衍生出另外的反应。我们不断地在各类反应之间辗转，因此，我们从不自由。这就是悲伤的起因之一。请你们务必了解这点。

反应是一定会有的。当你看到丑陋的事物，一定会有所反应；或者当你看到美好的事物，也一定会有所反应；当你看到一条毒蛇，你肯定要反应，否则你就会死，你就是麻木、没有活力的，很迟钝。而这样的反应有别于社会和你自己通过经验所建立起来的反应，这些反应成了你的局限。当你看着一棵树，或者看日落时，却毫无反应，那么你很麻木。可是，当你因自怜，或者按照你的结论，按照你的习惯，按照你的失败、成功、希望和绝望来做出反应时，这样的反应就会导致不完整的行动，并因此使得更多的冲突和更多的痛苦得以延续。

我希望你能自己看到这两种反应之间的区别。一种观看是：不用自身所受的局限去诠释所看到的——这是一种反应，也是种真实的反应。另一种观看是："这很美，我必须拥有它”，这种反应是对它自身所受局限和记忆的响应，对自己的自怜以及自身欲望等这一切的响应。因此，请你们看清楚这两种反应之间的区别。

孟买，第五次公开演讲，1962 年 3 月 4 日

《克里希那穆提作品集》，第十三卷，第 141 至 142 页

当头脑处于反应状态时，你还能觉察吗？

我们有所行动：正如现在这样，我们的行动是种反应，不是吗？甲辱骂乙，乙做出反应，这种反应就是他的行动。如果甲奉承乙，乙会对此沾沾自喜，他会记住甲是个好人，是个很好的朋友等这一切，并由此有了接下来的行动，也即：甲影响了乙，而乙对这种影响做出反应，由这种反应又有了更进一步的行动。因此，这个过程是为我们所熟悉的，一种积极的影响，以及相应的回应，这种回应也许是持续的正面行动，也许是对立的负面行动——反应和行动。我们以这种方式运作。而当我们说“我必须

从这些事情中解脱出来”时，其实仍身处原来的领域，当我说“我必须从愤怒、虚荣中解脱出来”时，这种想要解脱的欲望就是种反应。因为愤怒、虚荣可能会带给你痛苦和不安，你就说：“我必须不这样了。”因此，这“必须不”就是一种对“过去如何”或者“现在如何”的反应，由这种否定，会衍生出一系列的行动，诸如戒律、控制——“我必须不”，“我必须”由于习惯和所受的影响，我们会有某种反应，而后这种反应就会制造更进一步的行动。因此，就有了正面的反应和负面的反应，正面的决心和负面的决心，由负面的决心又衍生出另外的响应、回应和行动。而当头脑处于反应状态时，你还能觉察吗？

孟买，第六次公开演讲，1961 年 3 月 3 日

《克里希那穆提作品集》，第十二卷，第 82 至 83 页

如果我用心倾听……和觉察，就会有不做任何反应的行动。

你了解我所说的“反应”是何意思吗？你侮辱我，说了一些我不喜欢听的话，我对此做出反应，又或者我喜欢你所说的，我也会有所反应。但是，难道没有可能，只是听别人说而不做任何反应吗？无疑，如果我用心倾听，并去弄清楚你所说话当中的虚实真假，那么由这份倾听和觉察，就会有不做任何反应的行动。

萨能，第四次公开演讲，1962 年 7 月 29 日

《克里希那穆提作品集》，第十三卷，第 233 页

如果我们知道如何倾听，那么，这种倾听就是行动，其中就会有领悟这样的奇迹发生。

如果可以暂时撇开这一切，那么，我认为重要的是了解“倾听”的含义，然后，所说的话将会有超越言语的意义。在我看来，很少有人能够真正地倾听。我们都不知道如何倾听。我不知道你有没有真正地倾听过你的孩子，你的妻子或者丈夫，又或者一只小鸟？我不知道，当你看日落时，你是否曾经倾听过自己的心，或者你是否曾经带着倾听的心，去朗读一首诗？如果我们知道如何倾听，那么，这种倾听就是行动，其中就会有领悟这样的奇迹发生。如果我们知道如何去倾听别人说话，我们就能发现别人所说的是真是假。而真实，并不需要你去接受它，它就是真实。只有在虚假与对虚假的接受或反对、同意或不同意之间，才会存在挣扎。

新德里，第五次公开演讲，1960 年 2 月 28 日

《克里希那穆提作品集》，第十一卷，第 352 至 353 页

065

本质上，思想源自于选择……任何源自于这种思想的行动，都无可避免地会……制造矛盾、悲伤和痛苦，你我无一幸免。

因此，我们正在尝试做的是，摸索出什么是整体的行动。行动必须以思想作为后台，是不是？思想常常就是做选择。不要只是接受我所说的，请你们自己检视它，自己摸索它。思想就是选择的过程。没有了思想，你就无法做选择。在你做出抉择的那刻，就有一个决定，而这个决定制造出了它自己的对立面——好与坏，暴力与非暴力。一个追求非暴力的人，由这个决定，就在自己内在制造了一种矛盾。本质上，思想源自于选择，我选择用某种方式思考。我审视共产主义、社会主义、佛教，用逻辑推理，并决定这么或者那么思考，这种思想立足于记忆、局限、快乐以及自己的喜恶之上，任何源自于这种思想的行动，都无可避免地会在自己内在和这个外在世界制造矛盾、悲伤和痛苦，你我无一幸免。

新德里，第二次公开演讲，1959 年 2 月 11 日

《克里希那穆提作品集》，第十一卷，第 164 页

不立足于任何选择之上的行动，就不会孕育冲突。

在办公室，甚至在政治上，计算机正在接管人类所有的苦差事；在工厂里，它会替人类干所有的活儿。因此，人们将会有大量闲暇时间。这是个事实。你也许不能立刻洞察到这一点，但是它就在那儿。你因此要做个选择：如何打发你的闲暇时间。

我们所指的“选择”——在各类消遣和娱乐之中做选择，其中也包括了所有的宗教现象——去寺庙、做弥撒、诵经。所有这些都是各种形式的娱乐！请不要笑，我们正在谈论非常严肃的事。当房子着火时，你是没有时间笑的。只有当你拒绝关心实际发生的事时，你才会有选择——这个还是那个？涉及选择时，就总会有冲突。也即，当你有两种行动方式时，选择只会制造更多的冲突，但是，如果你自己内心很清楚地看到这点——作为属于这整个世界的一分子，而不是隶属于某个渺小的、在地域上划分出来的微不足道的小国家，或者阶级划分，又或者婆罗门或非婆罗门，等所有这一切——如果你很清楚地看到了这个问题，那么将不存在选择。不立足于任何选择之上的行动，就不会孕育冲突。

马德拉斯，第二次公开演讲，1965 年 12 月 26 日

《克里希那穆提作品集》，第十六卷，第 9 页

我们正尝试着弄清楚，有没有可能不持任何观念地去行动。

我们所指的“观念”是何意思？无疑，观念是思想的过程，不是吗？观念是种精神活动的过程、是种思考的过程，而思考总是一种反应，不是有意识的反应，就是无意识的反应。思考是一种言语化的过程，言语是记忆的结果——思考是一种时间的过程。因此，当行动立足于思考过程时，行动就无可避免地受到局限和孤立。观念之间互相对立，彼此牵制，在行动和观念之间就会存在沟壑。我们正尝试弄清楚，有没有可能不持任何观念地去行动。我们都看到了观念是如何将人们彼此隔离的。正如我已经解释过的，知识和信仰本质上都具有隔

离人的特质。信仰从没使人们紧密联系在一起，而是一直在将人们彼此之间隔离开来，当行动基于信仰或者基于观念，又或者基于理想之上时，这样的行动无可避免地、必定是孤立和四分五裂的。有没有可能，只有行动而没有任何思想的过程？思想就是一种时间的过程，一种谋划的过程，一种自我保护的过程，一种信仰、否定、谴责、辩护的过程。无疑，这些肯定在你我身上发生过，即到底有没有可能不持任何观念地去行动。我看到正如你看到的一样，当我持有一个观念时，我的行动就会立足于这个观念，这必定会产生对抗——当观念与另一种观念狭路相逢时，不可避免地必定会产生压制和对抗。我不知道是否把这点讲清楚了。对我而言，这真的非常重要。如果你能了解这些，不是头脑或者情感上了解，而是你内在了解了，那么，我觉得我们就能超越所有的困难。我们的困难在于观念，而非行动。问题不是我们该怎么做，那只是个观念，重要的是行动。有没有可能，行动而没有谋划的过程？这种谋划的过程就是自我保护、记忆以及各种关系——私人的、个体的或者集体的——等的产物。我说这是可能的。此刻你就能做实验。

马德拉斯，第三次公开演讲，1952 年 1 月 12 日

《克里希那穆提作品集》，第六卷，第 260 页

当你经历了源自反应的行动的所有过程，然后带着喜乐……把它否定掉……

因此，源自反应的行动孕育了悲伤。我们绝大多数思想都是过去，即时间的产物。一颗不依赖过去的头脑，彻底了解了反应的整个过程，这样的头脑就能每时每刻都完全、彻底而全然地行动。

请务必认真倾听，我接下来说的可能会相当难以理解。如果你已经很惬意和愉悦地听了刚才所讲的一切，那么，好好听我接下来要说的，就好像你在远处，而我要讨论的东西正是你要来到的地方。当你经历了源自反应的行动的所有过程，然后带着喜乐——而不是带着痛苦——把它否定掉，你就会看到，你自然而轻松地达到了一种心灵状态，这样的状态正是美的本质。

孟买，第五次公开演讲，1962 年 3 月 4 日

《克里希那穆提作品集》，第十三卷，第 143 页

能带来快乐、宁静和让头脑寂静的东西，无须任何努力就会到来，真理也并非通过意志力或意志力的行为而被了知的。

今天晚上，我们也许能很深入地探讨有关“努力”的问题。对我而言，了解我们在面临冲突及问题时所做出的处理方法很重要。我们大多数人都致力于意志力的行动，难道不是吗？对我们来说，努力在各方面都是必要的；对我们来说，不费力的生活似乎是令人难以置信的，它会导致衰退和停滞不前。如果我们能对“努力”这个问题深入探究的话，我认为这会很有帮助。因为这样的话，我们也许无需任何意志力、不费任何努力，通过即刻觉察“现在如何”，便能了解何为真相。但是如果这么做，我们就必须对有关“努力”的问题有所了解，我希望我们能不怀任何的对抗和反抗，去深入地了解这个问题。

大多数人的整个生活都是基于努力、基于某种形式的意志力之上的。没有意志力和努力，我们就无法构想我们的行动，我们的生活都是立足于意志力和努力之上的。我们的社交生活、经济生活，以及所谓的精神生活都是一系列的努力，总要以某种成果而告终。我们认为，努力是必须和必要的。因此我们现在正在找出，有没有可能过一种截然不同的生活，其中不存在这种持续不断的奋战。

我们为何要努力？简单来讲，是不是为了有所成就，取得成功，或者达成目标？如果不努力，我们认为自己就会停滞不前。我们都对自己努力奋斗的目标很清楚，奋斗是我们生活的一部分。如果我们想改变自己，如果我们想给自己带来彻底的改变，那么就要极其努力地消灭旧习惯，对抗惯常的环境影响等。因此，我们习惯于这一系列的努力，为了有所发现或者达成目标——归根结底是为了活下去。

而所有这样的努力难道不是种自我的活动吗？努力难道不是以自我为中心的活动吗？如果我们从自我中心出发做出努力，无可避免地会制造更多的冲突、混乱和痛苦。然而我们却不断地继续努力。只有非常少数的人意识到，自我中心的努力不能解决我们的任何问题。恰恰相反，它只会增加我们的混乱、痛苦和悲伤。我们都知道这些。然而，我们会接着希望以某种方式突破自我中心的这种努力的活动、这种意志力的活动。

这就是我们的问题：有没有可能不费力地了解一切呢？有没有可能看到“真实”、看到“真相”，而不引入任何意志力的行为呢？——本质上，这样的努力和行动都是基于自我——也即“我”之上的。而如果我们不费任何努力，是不是就不存在衰退、麻木和停滞的危险了呢？今天晚上，在我谈论这些问题时，也许我们可以各自对此做一下实验，看看我们就这个问题能探究到何种程度。因为我觉得能带来快乐、宁静和让头脑寂静的东西，无须做任何努力就会到来，真理也并非通过意志力或者意志力的行为而被了知的。如果我们能很仔细、很密切地对此做深入的探究，也许我们就能找到答案。

伦敦，第五次公开演讲，1952 年 4 月 23 日

《克里希那穆提作品集》，第六卷，第 354 至 355 页

我们……构思出想法，接着就把这个想法付诸行动。然后就试图缩小想法和行动之间的沟壑——其中就有了努力。

当真相呈现时，我们会如何反应？举个例子，也即我们前几天讨论到的——有关恐惧的问题。我们意识到，

如果我们内在不存在任何的恐惧，那么我们的活动、生活以及我们的整个存在将会从根本上得以改变。我们可以看到这点，可以看到其中的真相，因此就有了一种从恐惧中解脱的自由。但对我们大多数人而言，当事实、真相摆在我们面前时，我们最直接的反应是什么？请就我所说的做一下实验，不要只是听我说。观察一下你自己的反应，去弄清楚——比如，“关系之中的任何依赖都会破坏关系。”当做了这样的陈述后，你有何反应？你是否看到，是否觉察到其中的真相，因此而终止依赖了呢？还是你对这个事实持有某种观念？此时此刻就是对真相的陈述，我们是在经历这一真相，还是我们在制造有关这一真相的观念呢？

如果我们能了解这种制造观念的过程，我们就有可能了解关于努力的整个过程。一旦我们构造某一想法后，努力就会随之而来。接着问题也来了——怎么做，怎么行动？比如说，我们看到心理上的依赖是一种自我满足的形式，这不是爱，其中存在着冲突、恐惧，存在着具有破坏性的依赖，以及利用或者嫉妒别人来满足自己的欲望。我们看到心理上的依赖包含了所有这些事实，接着我们就会构造观念，不是吗？我们不去直接经历事实以及它的真相，而是看着它，然后构造如何从依赖中解脱的想法。我们看到了心理依赖的各种含义，然后制造出如何从中解脱的想法。我们不去直接经历真相——让我们得以解脱的要素，而是从观察这个事实的经验中构思出想法，接着就把这个想法付诸行动。然后就试图缩小想法和行动之间的沟壑——其中就有了努力。

伦敦，第五次公开演讲，1952 年 4 月 23 日

《克里希那穆提作品集》，第六卷，第 355 至 356 页

我们从孩童时候起，就习惯于努力。

正如我所说的，如果不了解努力的本质，那么我们所有的行动都是受限的。努力制造了它自己的界限、自己的目标以及局限，努力具有受时间限制的特性。你说：“我必须冥想，我必须努力控制自己的心。”这种努力控制就给心施加了限制。务请观察它，务请和我一起思考。如果我可以加重语气的话，那么在我看来，如果你观察，就会意识到，我们从孩童时候起，就习惯于努力。在我们所谓的教育，以及我们所做的事情里，都在努力提升自己，努力成为某个人物。我们从事的一切都立足于努力，

我们越努力，生活也就越充实。

存在努力，就存在目标；存在努力，觉知力和行动就会受到局限。在错误的方向上做得好就是在作恶。你们了解吗？无数个世纪以来，我们一直在错误的方向上做得很好，我们想当然地认为必须这样或者必须不那样等，而这只是在制造更进一步的冲突而已。

马德拉斯，第四次公开演讲，1959 年 12 月 2 日

《克里希那穆提作品集》，第十一卷，第 229 至 230 页，233 页

自我矛盾正是无休止努力的祸首。

自我矛盾确实制造了行动，不是吗？你处在自我矛盾时越有决心，倾注在行动中的能量也就越多。务请观察你内在的这个过程。自我矛盾的张力制造了它自己的行动。如果你是名普通员工，而你想成为经理，或者你想成为著名的艺术家、作家，或是伟大的圣人，处在这种自我矛盾中时，你会以最积极的状态行动，而你的行动也会为社会所称颂，但这同样处于自我矛盾之中。你

就是如此，但你不喜欢，你想成为别的你喜欢的样子。因此，自我矛盾正是无休止努力的祸首。不要问："我要如何摆脱自我矛盾？"问这样的问题是最愚蠢的。而是要看清你是如何彻底地陷入了自我矛盾之中的。这样就够了。因为，在你全然觉察到你内在的矛盾及其所有含义时，这份觉察就会创造出从矛盾中解脱出来的能量。觉察事实，就像觉察一件危险的事物一样，会创造出它自身的能量，这种能量会转而产生行动，而这种行动并不立足于矛盾之上。

孟买，第二次公开演讲，1959 年 12 月 27 日

《克里希那穆提作品集》，第十一卷，第 262 至 263 页

努力意味着意志力的行动，不是吗？

我们利用"爱"这种美德，这种意志力的行动，作为征服自己、破除我们个人特性的一种手段，而我们认为这是在转变。然而本质上，当我们深入到更深层面时，发现自己仍处在原地。当我们思考有关革命和转变的问

题时，无疑，我们关心的不仅仅是表面肤浅的改变，这些变化是必需的，我们也关心更深层的问题——那就是革命，彻底的革命，就我们整个存在的完全的革命。这种转变能否由努力带来，还是必须停止所有的努力？

我们所指的“努力”是何意思？对于我们大多数人而言，努力意味着意志力的行动，不是吗？我希望你能跟上所有这些，因为如果你没有很智慧地倾听，你会错过所有我要说的。如果你很智慧地听，你将会直接体验我所谈到的。意志力依旧是“我”、自我，无论你在哪个层面植入了意志力。也因此，它仍然是“我”。而当我压抑自己去做个好人、有所成就或者变得更加高尚时，这些仍然是欲望，仍然是想要转变自己的意志力的行动，披上不同的外衣，但它仍然只是想有所成就的“我”的意志力而已。

马德拉斯，第六次公开演讲，1953 年 12 月 20 日

《克里希那穆提作品集》，第八卷，第 35 页

追寻所需的冥想、奉献以及戒律的背后，必定存在意志力的行动，即欲望……

只要头脑还在追寻，那么必定存在努力和奋斗，而这一定立足于意志力的行动之上，而无论怎么改良，意志力都是欲望的产物。意志力也许是许多整合的欲望的产物，也许是单个欲望的产物，这些意志力都要通过行动来表现，不是吗？当你说追寻真理，那么，在这份追寻所需的冥想、奉献以及戒律的背后，必定存在意志力的行动，即欲望……

贝拿勒斯，拉杰哈特，第二次公开演讲，1955 年 12 月 18 日

《克里希那穆提作品集》，第九卷，第 179 页

意志力的行动，就是一种占据支配地位的欲望施加于其他欲望之上……

……当我们想用意志力的行动打破我们的局限时，会怎么样？某个欲望成了支配者，并对抗其他各种欲望——也就意味着总存在压抑、反抗以及所谓升华的整个问题。那么，有没有哪个欲望能使头脑从局限中解脱出来呢？

我想知道，我们是否能完全了解——运用意志力去解决问题或者变成某物的含义。何为意志力？无疑，意志力本身是种限制头脑的手段，不是吗？意志力的行动，就是一种占据支配地位的欲望施加于其他欲望之上，或者一种希望凌驾于其他动机和渴望之上。显然这个过程在内在制造了敌对，因此，就永远存在冲突。所以意志力不可能帮助头脑得到解脱。

斯德哥尔摩，第六次公开演讲，1956 年 5 月 25 日

《克里希那穆提作品集》，第十卷，第 26 页

你看到你所做的一切之中，都存在着要去改变的努力——即意志力的行动——当你安静地倾听时，你就会看到这种意志力的行动终结了。

……我说没有了意志力的行动，就有了转变的可能。这也是唯一的转变，其他都不是转变，都不是革命。但是，要了解这点，需要大量的内在洞察，以及大量的冥想——不是闭着眼睛，盯着一幅画、一张图，或者某个虚幻词句的那种冥想，而是揭露努力的整个过程的冥想。

也就是说，如果你此刻真正地在听我说，那么你就是在冥想，你正在冥想，因为，通过这种倾听，通过这种警觉地觉察我所说的，并经由观察你自己处在运作中的头脑，你看到你所做的一切之中，都存在着要去改变的努力——即意志力的行动——当你安静地倾听时，你就会看到这种意志力的行动终结了。因此，这种意志力行动的终结就是彻底转变的开始。

头脑因此就会变得很天真、很自由，头脑只有处在这样自由和天真的状态时，真相才会到来。意志力行动之下的追寻不可能让头脑安静。只有对意志力以及意志力行动存在的整个过程有所了解时，头脑才会安静。终结要有所改变的意志力，不是通过任何形式的强迫，而是当头脑真正有所了解时。有所了解后，才会有惊人的转变，才会有超越经验的、非头脑领域的革命。只有这种革命才能建造全新的房子，没有这种革命，它们所有的劳作都是徒劳，它们只是伤害的制造者，在制造悲伤、增加问题而已。因此，去了解整个有关“努力”的问题，对你我都相当重要。

马德拉斯，第六次公开演讲，1953 年 12 月 20 日
《克里希那穆提作品集》，第八卷，第 37 至 38 页

如果你意识到除了时钟上的时间，并不存在其他时间，那么，你就会立刻去面对和解决问题，而不会拖延问题。

头脑为何要制造出时间——未来、明天、下一刻？为什么你说你明天将会做些事？为什么你说你将会戒烟？这个“将会”，就是在时间、未来的领域中，由头脑制造出来的。当你说“我将会做”或者“我将会尝试”，

当你说“与此同时”——所有这些都暗示着你正在和这种人造的时间打交道，而非时钟上的时间。因此，头脑首先发明了时间作为拖延——请好好听着——作为一种拖延行动的手段。我们所有的教育都是为将来做准备，因为我们都对此刻如此不满，这导致了我们对此刻没有任何了解。此刻太复杂，它需要你全神贯注于自己所做的一切、自己所有的思想，以及所有的感觉；它需要关注你所做的一切，关注你所说的话、你的姿态，以及关注你如何讲话、如何看——这需要巨大的能量和巨大的觉察力。

但是，如果你意识到，心理上并不存在明天，没有明天，那么思想就绝不会说“我将会”“我将会很善良”“我将会很宽宏大量”“我将会很诚实”，或者“我将会少些腐败”。当头脑很清楚地看到有关时间的全部问题——也就是渐变、渐进、一种逐渐进步的手段，那么，时间就会显得无比虚假，然后你所要面对的只是实际的时钟上的时间，不存在其他的时间。你的整个行动就会截然不同。头脑必须意识到不存在明天，只存在被制造出来的明天。

你有很多的难题，你认为通过探究、通过拖延、通过询问别人如何解决，或者通过缓慢的分析过程——所有这些都是时间的过程——你就可以解决问题。如果你意识到除了时钟上的时间，并不存在其他时间，那么，你就会立刻去面对和解决问题，而不会拖延问题。先生们，当你有饥饿或者性欲的问题时，你就不会说“我会明天吃饭”“我会改日满足性欲”，因为这些都很紧迫，它们需要即刻的行动。但是，我们人类已然发明了时间作为拖延的手段，作为不直接面对问题的手段，作为逃避的手段。

新德里，第五次公开演讲，1964 年 11 月 5 日

《克里希那穆提作品集》，第十四卷，第 253 至 254 页

当事情可以即刻得以解决时——所有的行动都是眼下的——为何还要引入时间间隔呢？

当你说“我会改变”时，就存在时间间隔，不是吗？当你说“我明天做”，就存在时间间隔，难道不是吗？我说时间间隔是一种能量的浪费。也就是说，当事情可以即刻得以解决时——所有的行动都是眼下的——为何

还要引入时间间隔呢？你为何说“我会做”？举个例子，先生，你很生气或者很嫉妒，为何你不即刻处理这个事实？为何你会允许时间间隔的存在，说“我明天做”“我明天解决它”？为什么？因为你是如此习惯于拖延，习惯于说“我会做”。你因此在逐渐地加大这个时间间隔，这样你也就可以继续你想做的事——也许这是有害的，但你喜欢，因此你会继续。为何要伪装呢？

贝拿勒斯，拉杰哈特，第三次公开演讲，1964 年 11 月 24 日

《克里希那穆提作品集》，第十四卷，第 295 页

是否存在对时间的终结呢？如果头脑能发现它、了解它，那么行动就有了截然不同的意义。

时间是否存在？如果没有对时间的终结，也就不存在自由，就不能终结悲伤，那么生活就仅仅是一系列不断的反应、响应等。因此，是否存在对时间的终结呢？如果头脑能发现它、了解它，那么行动就有了截然不同

的意义，对吗？先生，如果你被告知你的房子着火了，你就不会坐在这儿！如果你被告知不存在明天，你就会恐慌！存在一个时钟上的明天，但心理上其实并不存在明天，而如果不存在明天，那么这在内心就是一场巨大的革命。然后爱、行动、美、空间、自由——所有这些都会有截然不同的意义。

马德拉斯，第四次公开演讲，1966 年 1 月 2 日

《克里希那穆提作品集》，第十六卷，第 22 页

有没有可能，活在这个世界上，却不让时间得以延续，一个人也因此能得以重新行动呢？

现在，去弄清楚是否有“永恒”这样的事，一个人必须了解何为时间。时间是最不寻常的事——我并不是在说时钟上、手表上的这种时间，这种时间是很显然的，也是必需的。我说的是心理上延续的这种时间。那么，有没有可能，没有时间上的延续而生活呢？无疑，是思想带来了延续性。如果一个人不断地思考，那么就有一

种延续。如果一个人每天看妻子的照片，那么他就带来了一种延续性。有没有可能，活在这个世界上，却不让时间得以延续，一个人也因此能得以重新行动呢？也就是说，我能否每天都让各个行动死去，头脑因此就从不积累，从未被过去所沾染，一直都是崭新的、新鲜的和天真的呢？我觉得这是有可能的，一个人是可以如此生活的——但这并不意味着，对你来说这也是真实的。你必须自己去发现真相。

萨能，第十次公开演讲，1964 年 8 月 2 日

《克里希那穆提作品集》，第十四卷，第 222 至 223 页

第五章 倾听、寂静和清明头脑

你要自己去发现这件非凡的事情是什么——一种全然的行动。

有没有一种行动，它不是选择、设想和决定的产物，而是一种整体的行动？依我说，有这样的行动。我们生活的现状是：政府做这件事，商人做另外的事，宗教人士、学者和科学家——每个人都做着各自的事，而他们都处在矛盾之中。这些矛盾从未被克服过，因为，对矛盾的克服只会制造另外的张力。对头脑来说，去了解整体的行动是至关重要的，即领会这种不是源于决定的行动，就像一个人会感受到一次美妙绝伦的日落、一朵花或者飞翔的小鸟一样。这需要对无意识做不需索答案的探究。如果你有能力不卷入那种生活的紧迫性之中，不卷入明天要做什么的紧迫性之中，你就会发现，头脑开始发现一种不存在矛盾的行动状态，发现一种不存在对立面的行动。对此你尝试一下，当你回家，或者坐车时，尝试做一下。你要自己去发现这件非凡的事情是什么——一种全然的行动。

先生们，你们看，地球并非共产主义的或者资本主义的，也不是印度教的或者基督教的，地球既不属于你，也不属于我，而是存在一种对地球、美、富饶以及地球非凡力量的整体感受。只有当你不投身于任何事物时，你才能感受这种整体的美妙。同样，只有当你不投身于任何特定的活动时，你才能领会这种整体的行动；当你不是一个“空想的社会改良家”，投身于这个或者那个党派、投身于某种信仰或者某种意识形态时——这些行动实际上都是种自我中心的活动——如此你才能领会这种整体的行动。如果你无所信奉，你就会发现，即使有意识的头脑参与了立即反应的行动，它也能将这种立即反应的行动弃置一边，同时以否定的方式（negatively）对无意识做探究，而无意识之中存在着真正的动机，以及隐藏的各种矛盾，存在着传统的各种束缚和盲目的冲动，这些盲目的冲动制造了立即反应的问题。而一旦你对所有这些有所了解，你就能探究得更深。你就能感知——就如你感知一棵树的美和它的整体一样——整体性的行动，其中不存在对抗的反应，也不存在矛盾。

新德里，第二次公开演讲，1959 年 2 月 11 日

《克里希那穆提作品集》，第十一卷，第 164 至 165 页

一个人会关心整体的利益、整体的痛苦和整体的混乱。在我们把这个问题弄清楚之后，我认为我们就可以接着问：一个人要怎么做？

我认为一个人和一个个人之间是有区别的。个人是地方性的实体，居住在特定的国家，隶属于特定的社会、文化和宗教信仰等，而一个人并非是地方性的实体，无论他是在美国、俄罗斯还是在中国，或者在这里。我觉得，在我们做所有这些讨论之时，我们应将这点牢记于心。那么，一个人该怎么做？因为，如果这个人了解了行动的全部，并有所行动，他个人就和那整体有了联系。但是，如果个人只在生活这个巨大领域的一隅有所行动，他的活动就完全和整体无关。因此，你必须牢记，我们在说的是整体，而非局部，是人类整体——非洲、法国、德国、这儿和其他地方。因为，更大之中囊括更小，反之则不行。我们正在谈论的是个人，个人是渺小的——受局限的、很痛苦、很沮丧、欲壑难填，又或者只满足于渺小的事物，满足于他那卑微的信仰和琐碎的传统等。然而，一个人会关心整体的利益、整体的痛苦和整体的混乱。在我们把这个问题弄清楚之后，我认为我们就可以接着问：一个人要怎么做？

看到这种巨大的混乱、对抗、残酷、战争，以及无止境的宗教及民族分裂等——面对所有这一切时，一个人要怎么做？我不知道，究竟是否有人问过这个问题？还是，一个人只关心他自己那些特定的琐碎问题？——并非这些不重要，而是那个问题，无论它是怎样的渺小、迫在眉睫，或者多么的紧迫，它都和人类的整个生活息息相关。一个人是不可能把自己渺小的问题从人类生活的全部问题中脱离出来的。因为，所有问题——家庭问题、社会问题、宗教问题、贫困问题——都息息相关，对我来说，专注于任何一个特定的问题都毫无意义。

因此，我们必须把人类看作一个整体。当外在和他的意识之中都面临着这个巨大挑战时，危机就不仅仅存在于肌肤之外的外部世界，也存在于意识本身。实际上这两者密不可分。我认为将世界划分成外在和内在，是很愚蠢的，它们两者其实相互关联，因此是密不可分的。但是，要了解这种整体运动、这个统一的过程，一个人必须从客观上，不仅对外在事件、我们所经历的各种危机有所了解，也要对内在危机、意识领域之内的各种内在挑战有所了解。当我们面对这个问题时，正如我们现在这样，我敢肯定，你一定问过："这到底是怎么回事？"

这个傍晚相当美——不是吗？夕阳铺落于树叶之间，柔美的霞光洒落叶片之上，树枝轻柔地摆动着，落日余晖正拂过树叶和这片树林。可不知怎的，这一切的美都和我们的日常生活无关，我们从旁经过，几乎觉察不到这些美，而如果我们觉察到了，也只是匆匆瞥一眼，然后继续周旋于我们特定的问题之中，不停地追寻那些虚妄之事！我们不会去看洒落在树叶上的霞光，聆听鸟儿们的叽叽喳喳，或者不孤立、无分裂地，自己看清楚有关人类生活这个问题的全部。但愿我看落日霞光时，你不会认为我是个浪漫主义者！要知道，如果生活里没有热情、没有感受，你就无法做任何事。如果你很强烈地感受到这个国家的贫穷、肮脏、卑劣、衰败，以及它的腐败、低效率和你周围发生着的那些骇人的冷漠，而对这些，有人却完全没有觉察。如果你对这一切怀有似火的热情和激情，如果你也心怀这种热情去看各种花朵、树木以及洒落于树叶上的光，那么，你就会发现内在和外在两者其实密不可分。如果你不会去看这些树叶上的光，不以此为乐，也不对这份乐趣怀有热情，恐怕你也不会对行动怀有热情。因为行动才是必需的，而不是没完没了的各种理论和各种讨论。

当你面对这样巨大而复杂的问题——人们的不满、

追寻以及渴望某些超越思想结构之上的东西，你必须怀有发现真相的热情。而热情并非由思想拼凑而来，它每一刻都是崭新的。它是活生生的、充满活力和能量之物。然而，思想是老旧的、僵死的，源自于过往。不存在崭新的思想，因为思想就是记忆、经验、知识——这些属于时间范畴的产物，也就是过去。而只要源自于过去，或者回到过去，就不会有热情。你无法让已死之物复活，也无法对已死之物怀有热情。

马德拉斯，第一次公开演讲，1967 年 1 月 15 日

《克里希那穆提作品集》，第十七卷，第 131 至 133 页

要了解生命这种非凡的运动——关系，也即行动——并且自始至终随生命而动，你就必须拥有自由，当你倾注自己的头脑、内心以及整个生命时，自由就会自发而来。

你知道，当你爱时——我所指的是这个词的全部含义，并非对神的爱，或者对某个人的爱，又或者是亵渎

的爱或圣洁的爱，这些划分根本不是爱——你就会倾注自己的头脑和心。这并非是让自己信奉什么，那完全是不同的。我能倾注自己的头脑和心，把自己投身于某种行动过程之中——社会的、哲学的或者共产主义的，又或者宗教的，但这并非是全身心投入，这只是种理智上的信念，一种为了让自己或者社会进步，你必须有所追随的使命感等这些而已。我们所讨论的爱，是完全不同的。

当你全身心投入时，在这份领会之中，你会对一切有所觉知。有时候去这么做一下——我希望在谈论这些时，你就能立刻这么做。有人会说“我会试试看”——那么他就错过了，因为根本不存在时间，只有此刻。而如果你这么做，你现在就可以看到。如果你全身心地投入，那就是一种全然的行动——并非四分五裂的、强制性的行动，并非是遵循某种模式或者准则的行动。当你全身心投入时，你就会看到你立即、即刻就已有所了解——这和多愁善感、情感主义或者奉献无关，这些都很幼稚。要全身心地投入某物，你就需要拥有极高的理解力，拥有巨大的能量和清明，如此，你经由这份清明，就能清楚地看到一切。如果你能从你的传统、权威、文化、文明以及所有的社会模式中解脱出来，那么，你就能清楚地看到这一切。要了解生活，并非是经由逃离社会，跑到山上去，或者成为一名隐士，恰恰相反，要了解生命这种非凡的运动——关系，也即行动——并且自始至终随生命而动，你就必须拥有自由，当你倾注自己的头脑、内心以及整个生命时，自由就会自发而来。因此，在这种状态之下，你就会有所领会。而当你有了这份领会时，就无须任何努力，这份领会就是即刻的行动。

马德拉斯，第一次公开演讲，1964 年 12 月 16 日

《克里希那穆提作品集》，第十五卷，第 6 页

如果头脑会倾听，这份倾听就能带来高品质的头脑，由此就会产生行动。

在我看来，了解头脑的品质，以及带来好品质的头脑很重要。我们大多数人都不在乎能否带来好品质的头脑，而只关心怎么做。行动变得比头脑的品质重要得多。对我而言，行动是次要的。如果我可以这么表达：行动不是关键，它根本不重要，因为，当拥有好品质的头脑时，头脑就具有创造性的爆发力，然后，由这份创造性

的爆发力，就会产生正确的行动，并非“行动即生活”，而是“生活即是行动”。

在我们大多数人看来，行动似乎是必要的、很重要的，因此，我们就陷入了行动之中，而问题的关键不在于行动，尽管似乎该是行动。我们大多数人都关心如何生活，如何应景地行动——在政治上是要支持这边还是那边等。如果你去观察的话，就会看到，我们的探究通常都是为了找出什么是该采取的正确行动，这就是为什么我们会有焦虑，会追求知识，会追随上师。我们的探究是为了找出该怎么做，在我看来，这种生活方式无可避免地会导致许多的痛苦、不幸，以及矛盾——不仅仅是在自己内在，也在外在社会——而矛盾一定会引起沮丧。对我而言，行动必定是要随生活而动的。也就是说，倾听本身就是一种谦卑的行动，如果头脑会倾听，这份倾听就能带来高品质的头脑，由此就会产生行动。然而，如果没有高品质的头脑，没有这种奇特的、具有创造性的爆发品质，而只是一味追求行动，那么就会招致琐碎而肤浅的头脑和心灵。

不知道你有没有注意到，我们大多数人都专注于“怎么做”，或许是因为我们从来没有拥有过高品质的头脑，也就是可以即刻洞察整体的头脑。这份对整体的洞察就是它自己的行动，我认为了解这点很重要，因为，我们的文化致使我们变得很肤浅，我们爱模仿、受制于传统、不具深广的洞察能力，我们的视野都被立即应对的行动及其产物所遮蔽。观察一下你自己的头脑，你就会看到你有多关心“怎么做”了，头脑持续充斥着“怎么做”，这样只会引发非常肤浅的思考。然而，如果头脑关心的是对整体的洞察——不是怎么观察整体、用什么方法，这些又陷入立即应对的行动之中——你就会看到，由这份初衷，行动就产生了，反之则不行。

孟买，第五次公开演讲，1956 年 3 月 18 日

《克里希那穆提作品集》，第九卷，第 262 页

倾听就如看，它即是行动。

此刻，你有没有可能直观地看，这样的话这种看就是行动。你也许正好坐在一棵树前观察着这棵树，在你和这棵树之间有一个距离——既有时间上的距离，也有空间上的距离。从你所在的地方走到这棵树之前需要时间：一秒钟，或者两秒钟。因此，在你这个观察者和所

观之物之间，存在时间间隔。究竟为什么会存在这个时间间隔呢？它之所以存在，是因为你带着思想、记忆、知识、经验以及有关植物学的知识在看这棵树。因此，实际上你并没有在看树，而是思想在看着这棵树，对吗？你和树之间的关系就是你和你对这棵树的意象之间的关系，也因此，你和这棵树之间根本没有任何关系。只有当你处于联结之中、处于关系之中，并不持任何意象时，你才会拥有那种关系——这意味着你不持有任何思想体系，因此就存在行动。

因此，自由就是经由看而产生的即刻行动。看也即倾听——不存在时间间隔地倾听。如果你知道如何倾听，那么就会很简单，而你必须知道如何倾听，否则，头脑就会变得陈旧、迟钝，深陷于某种思想体系并受其牵制，也因此，头脑从来都不是崭新的、年轻的、天真的和生气勃勃的。就如我们所说的，只要观察者和所观之物之间存在时间间隔，那么，这种时间间隔就会制造摩擦，因此这是种能量的浪费。而当观察者即所观之物时，其中就不存在时间间隔，能量就能聚合至最高点。你听到了这些话，但你并没有倾听这些话。“听到”和“倾听”是有区别的。

你能听到各种词句，并自认为从道理上了解了这些话，接着你会问："听了这些话后，我要怎么将这些话付诸行动呢？"你是无法将这些话付诸行动的！于是，你就把这些话转变成思想、转变成思想体系，这样你就获得了一个模式，并据此模式采取行动。而倾听则是根本不存在这个时间间隔。因此，倾听就如看，它即是行动。

马德拉斯，第二次公开演讲，1967 年 1 月 18 日

《克里希那穆提作品集》，第十七卷，第 141 至 142 页

行动并不脱离于了解或者洞察。

因此，今天晚上让我们一起来看看，我们能不能十分真诚而认真地把我们所知或者自以为知道的一切，以及为我们所熟悉的一切都抛开，一起来看看实际的事实。这样，也许我们就有了学习的能力。学习即是行动，行动和学习两者密不可分。学习的运动意味着了解和看到问题的含义——问题的广度、深度和高度。这份对问题的洞察即是行动——行动和洞察两者不可分。但是，当我们对问题持有某种观念时，观念就会脱离行动，接着

就有了进一步的问题——如何让行动去趋近于这个观念。因此，关键是毫无恐惧、毫不焦虑地看着问题，也无情绪化的评判，这样我们就能够学习，这种学习的运动即是行动。

在我们继续探讨下去之前，我觉得我们应该很清楚地看到了这点，因为，我们必须有所行动，必须给我们的思想、道德以及我们的各种关系带来一场巨大的革命。在我们生活的各方各面，很显然必定要有一次彻底的转变，要有一场完全的革命。但是，如果我们看不到这个基本的事实——有了解的地方才会有行动——我们就不可能有这种革命的状态。行动并不脱离于了解或者洞察。当我对某个问题有所了解，这份了解之中就包含了行动。当我全然地洞察时，这种洞察本身就产生了行动，但是，如果我只是思索，如果我对问题持有一个观念，那么，这个观念就脱离于行动，接着就引起进一步的问题——如何将这个观念实现。因此，让我们清楚地牢记于心：了解即行动，这份了解并不脱离于行动。

新德里，第六次公开演讲，1960 年 3 月 2 日

《克里希那穆提作品集》，第十一卷，第 358 页

101

只有在你倾注了自己的头脑，倾注了自己的身体、感官，你的双眼、双耳——一切，你才能有所了知，出于这份了解就会产生全然的行动……

我所指的“了解”这个词，无关知识。思维杂乱的头脑从不可能有所了解。当我们说“理性上我了解了”，我们真正的意思是我们听到了这些话，并且理解了这些句子——这和了解毫不相干。了解不仅仅包含了语义上的属性和字面的意思，也意味着对这句话的所有内容有所了解，并且全然领会这句话的含义，就好比这句话完全适用于我们自己身上一样。因此，了解不仅仅与思想活动——一种理性的过程有关。只有在你倾注了自己的头脑，倾注了自己的身体、感官，你的双眼、双耳——一切，你才能有所了知，出于这份了解就会产生全然的行动，而不是四分五裂、充满矛盾的行动。

马德拉斯，第一次公开演讲，1964 年 1 月 12 日

《克里希那穆提作品集》，第十四卷，第 80 至 81 页

单单经由这种全然的了知，就会产生行动，这样的行动不会引起任何矛盾……

生活即是行动，两者密不可分。生活并非是种要落实于行动之中的观念，就像你不可能把爱视作一种观念来抱持一样。你无法培养爱，爱是无法被培养和制造的：要么爱，要么不爱。同样，要么了解，要么没有了解。而要有所了解，一个人就必须倾听，而倾听是门艺术。去倾听意味着，你不仅仅对讲话者所说的投以全身心的关注，也对那群乌鸦，以及落日、云朵、拂过树叶的微风，和这里的各种色彩投以全身心的关注，因此，你的整个神经系统，以及大脑细胞都会全然地了知。单单经由这种全然的了知，就会产生行动，这样的行动不会引起任何矛盾，因而也不会带来冲突、无止境的痛苦以及苦难。因此，我们所指的“了解”是这个意思。

马德拉斯，第四次公开演讲，1964 年 12 月 27 日

《克里希那穆提作品集》，第十五卷，第 20 页

103

你唯一要做的就是觉察。这是最了不起的行动。这是真正的行动，也是唯一的行动。

克里希那穆提：在你了解到，有了领悟的头脑是怎样的状态之前，你必须深入探究一下“分心”这个问题。当你想集中精神，思想却游离了，这种游离就是分心。我想知道思想为什么会游离。这表明这个特定的思想持有别的兴趣。头脑审视一切的思想，以及全部的游离，从不称之为分心。这样的头脑因此而非常清醒、非常有智慧，特别敏锐和清晰，因为这并非是一场专注和分心之间的拉锯战，而是头脑正在对一切做观察。

提问者：观察之后，是不是要做些什么？

克里希那穆提：你唯一要做的就是觉察。这是最了不起的行动。这是真正的行动，也是唯一的行动。

贝拿勒斯，拉杰哈特，第二次公开演讲，1963 年 12 月 1 日

《克里希那穆提作品集》，第十四卷，第 66 页

全世界到处都有这样的团体，特别是年轻人，他们宣称必须现在就有所行动，而不是等到明天。

有没有一种行动，其中完全不介入任何的时间和思想体系呢？这意味着：看即行动，这正是世界所需要的。一无所有的人——缺衣少食，深受折磨，他等不及循序渐进的形成过程，等不及由那个思想体系来填饱肚子，他会说："现在就给我吃的，不要等到明天。"全世界到处都有这样的团体，特别是年轻人，他们宣称必须现在就有所行动，而不是等到明天。现在比明天重要得多，当今的一代也远比下一代重要得多。

因此，有没有一种行动，时间和思想体系并未介入于其中呢？这是唯一的革命——也就是说，我看到了危险，这种看就是行动。我看到国家主义——我只是拿它做个小小的例子——是有害的，因为它离间了人们等。我看到它是有害的，就即刻将有关国家主义的整套文明彻底地丢弃。而即刻的行动即是自由。

马德拉斯，第二次公开演讲，1967年1月18日

《克里希那穆提作品集》，第十七卷，第140页

看即行动，也即自由。

对抗绝不是自由。自由是截然不同的东西。只有当你看并且行动时，自由才会到来，但不是经由反应而来。看即行动，是即刻的，当你看到危险时，不会进行心理活动，不会讨论，也不会犹豫，只有即刻的行动，是危险本身促成了行动。看即行动，也即自由。因此，行动正是自由的本质——而非对抗。

马德拉斯，第一次公开演讲，1967 年 1 月 15 日

《克里希那穆提作品集》，第十七卷，第 134 页

要活在当下——就是即刻行动——一个人就必须去了解自己所受的局限，也即过去，并且不去将过去投射于未来之中。

提问者：即刻的行动也即全然的行动吗？

克里希那穆提：没错，先生。我说了："即刻行动。"而这是最难了解的事情之一，因此不要只是说一句："即刻行动。"你知道，有人说："活在当下。"而活在当下是最非凡的事情之一。要活在当下——就是即刻行动——一个人就必须去了解自己所受的局限，也即过去，并且不去将过去投射于未来之中。因此，他就必须去除时间间隔，活在这种非凡的即刻感之中。

贝拿勒斯，拉杰哈特，第三次公开演讲，1964 年 11 月 24 日

《克里希那穆提作品集》，第十四卷，第 295 页

你能活一万年或者十天，或者一天，又或者是一刹那，然而时间是无法终止悲伤的，所以一个人务必即刻学习，而不是慢慢地……

对大多数人来说，悲伤就是自怜。我失去了儿子，被遗弃了，我被孤独地留于世上，我觉得自己很可怜，没人能帮我满足心愿——你熟悉有关自怜的一切。因此，有没有可能立即终止悲伤，不允许有这种慢慢去掉悲伤的习惯呢？时间不能终止这种悲伤，我们对此

都清楚。你能活一万年或者十天，或者一天，又或者是一刹那，然而时间是无法终止悲伤的，所以一个人务必即刻学习，而不是慢慢地，因为，不存在慢慢学习这种事——从心理上来说。如果我学一门语言，这要花些时间，要些日子，因为，我必须习惯句子的节奏、生词的发音、语法、句法，以及如何造句、如何使用正确的单词、正确的动词等。但是，在心理上，如果我允许时间存在，就会加重悲伤。所以，我必须即刻了解悲伤，这种学习的行动就会彻底切断时间。即刻地看，即刻看到虚妄——这种看到虚妄就是真实的行动，能使你从时间中解脱出来。

贝拿勒斯，拉杰哈特，第五次公开演讲，1964 年 11 月 28 日

《克里希那穆提作品集》，第十四卷，第 306 页

即刻看到真相，即是直接地行动。

因此，重要的是直接地看到事情的真相，或者事情的虚妄。如果你对事情持有一个观念，你就不可能看

到这件事的真相或者它的虚妄。爱不是种观念，爱是直接的行动。当你抱持一种观念，当你对爱持有各种观念时——应该怎么样、不应该怎么样——爱就终止了，这就仅仅是一种思想的过程。因此，在继续我们的讨论，开始我要谈及的东西之前，这点必须很清楚，即不持观念的行动是有可能的，这并不意味着行动是荒谬的，或者是拖延和受局限的。换句话说，如若观念极其重要——对我们大多数人而言确是如此——那么行动就会变得无关痛痒，接着我们就会发现，要把这些观念付诸行动是极其困难的。

因此，问题是：如何直接地看到真相？我所指的“真相”，是指平时生活和谈话中的真相，你所思、所感的真相或者虚妄。去发现你所持的各种动机以及你各种日常活动的真相，即刻揭示你的感受——真相就隐藏在它们背后。我在讲的是真相，不是终极真理，因为，没有对日常生活的真相，即对日常活动以及日常所思有所了解，你就无法发现那个非凡而真正不可度量的源头。因此，你必须即刻洞察真相，而不是对真相抱持观念，即刻看到真相，即是直接地行动。如果你看到一条蛇，你会马上行动，而不是先有个想法，然后才行动。当存在危险时，你对这个危险的整个反应都是直接的，不存在时间间隔，即观念。反应是即刻的，这种即刻的反应就是真正的行动。

新德里，第四次公开演讲，1963 年 11 月 3 日

《克里希那穆提作品集》，第十四卷，第 21 页

当我意识到自己受局限的事实，就是直接的行动。

那么，当你说“我知道自己深受局限”，你真知道，还只是口头上说说？你知道这点而所持有的能量，是否如同你看到一条眼镜蛇时所持有的能量？

当你看到一条蛇，并认出这是条眼镜蛇时，就会有直接的、无预谋的行动，当你说“我知道自己深受局限”时，是否如同你看到一条眼镜蛇时一样，具有同等生死攸关的意义呢？或者这只是种对事实所持有的肤浅认识而已，而并没意识到这个事实呢？当我意识到自己受局限的事实，就是直接的行动，而不必去想方设法让自己

不受局限。事实是我深受局限，对事实的这种领悟，就会带来一种直接的净化。

新德里，第六次公开演讲，1956 年 10 月 31 日

《克里希那穆提作品集》，第十卷，第 158 至 159 页

要即刻停止一件事，根本不会牵扯时间。

我看到，冲突无法经由意志力终止。有时意志力本身孕育了冲突。正是意志力的这种本质和结构——我们已然习惯于运用意志力，脑细胞等习惯了——正是这种结构孕育了冲突。我很清楚地看到：要生活得热情、全然、彻底而完整，就必须没有冲突。恰恰是冲突摧毁了这些。意志力消失了，不是口头或者理论上，而是实实在在地消失了，这并非是我所努力实现的一种假设，这种假设只会成为另一种冲突。那么，我必须怎么做呢？我要如何毫无恐惧，不用一丝意志力地停止呢？我借由抽烟、性或者任一东西作为一种逃避，借由这些让自己开心，这些已成了我的习惯，这样的习惯不是让人愉悦，就是

让人痛苦。如果是痛苦，自然就会比较容易戒掉。但是，如果是一件让人愉悦的事，我又要怎么不用丝毫意志力地停止，也即意味着没有时间的介入呢？如果我说，我会慢慢地戒掉，接着我就每天减少抽烟的数量，那么，会怎么样呢？那就会一直存在着对抗。

提问者：你必须了解你为什么要抽烟。

克里希那穆提：我们都清楚我们为什么要抽烟。首先，这是种习惯。我们年少时就开始抽烟，现在抽烟成了习惯。当我们和别人心不在焉地相处时，抽烟会让我们的手有事可做。每个人都一样，我们一样也在这么做。我们就像一群猴子，非常躁动不安。如果不抽烟，那就喝酒吧。喝酒、性以及任何习惯都一样。先生们请注意，这相当有趣。放弃抽烟、性，或者特定的思维习惯、特定的生活方式、特定的食物，也许是件小事，又或许是件最复杂的事。我们看到，意志力决非解决问题的法子，慢慢来也不是好办法。这必须不费任何努力，即刻得到解决。要即刻停止一件事，根本不会牵扯时间。先生们，我们要怎么做呢？我不知道我们为什么把它弄得这么神秘，这其实很简单。在那儿有一只巨大的黄蜂，它就在那儿。当我们看到它时，会怎么样？就会有要绕开它的直接行动。

提问者：会有恐惧。

克里希那穆提：请不要这么快做归纳，就看着它，只是看着它。在那儿有一只大黄蜂，你知道它会蜇人，会很疼，对此你会有即刻的反应：打死它，或者逃开，又或者把它赶走。这些都是身体上的反应，和思想过程无关。也许一开始它是个思想过程，但现在，它是身体的反应，是即刻的运动、即刻的行动。你的脑细胞、神经以及你的整个存在都会有所反应，因为有危险。如果你没有反应，那么就是你的神经、脑袋以及你的整个神经组织出问题了。当你直接做出反应时，就会存在一种状态，在你看到危险，身体上的危险时，你会直接反应，身体会在头脑介入之前做出反应。我曾经在荒野里看到一只老虎，就做出很直接的反应，这种反应是必需的，是正常的反应，是即刻的。

罗马，第二次公开演讲，1966 年 4 月 3 日

《克里希那穆提作品集》，第十六卷，第 97 至 98 页

因此，处于抉择之中的头脑总是处在冲突之中。而看到真相的头脑，会基于这份洞察即刻做出行动，这样的头脑因此就不存在冲突。

一个决定意味着什么？我决定这么做而不是那么做，这就已然制造了冲突。而当你看到这么做和那么做的真相——或者看到这么做的真相和那么做的虚妄——当你看到真相时，这种看到就会有所行动，而非决定。

因此，不做决定、不做选择，就不会有冲突。看到真相是什么——这需要惊人的智慧。当你把商羯罗大师或者其他人所说的话当真理，并追随这些人时，你就无法看到真相。

因此，处于抉择之中的头脑总是处在冲突之中。而看到真相的头脑，会基于这份洞察即刻做出行动，这样的头脑因此就不存在冲突。而这样的行动才是唯一的行动。

贝拿勒斯，拉杰哈特，第一次公开演讲，1963年11月24日

《克里希那穆提作品集》，第十四卷，第55至56页

如果头脑确实看到了事实，并且不依据过去诠释所看到的，那么就存在直接的洞察……

因此，我们能不能在内在意识到、看到这个实际的事实——我们所有的行动都只是种反应，都源于有所获得、有所达成或者有所作为、有所成就的动机呢？我能否只是意识到这个事实，而不去想“我该怎么做”“我的家庭、我的工作该怎么办”等这些问题呢？因为，如果头脑确实看到了事实，并且不依据过去诠释所看到的，那么就存在直接的洞察，然后，一个人就会对这种不是源自反应的行动有所领会，而这份领会是崭新的——头脑必须具备的品质。

伦敦，第二次公开演讲，1961 年 5 月 4 日

《克里希那穆提作品集》，第十二卷，第 128 页

你自己是否知道这种关注的品质，这样一种头脑的感觉——也即头脑没有被迫去有所专注，也没有任何目标要达成，因此，可以毫无动机地去关注呢？

你知道在你的生活中任何时候可曾有过一种全然的行动？而我们所指的“全然的行动”是何意思？无疑，只有当你的整个存在——你的头脑、你的心、你的身体——彻底处于其中时，才会有全然的行动，其中没有划分或者分裂。而这在何时会发生呢？先生们，请你们紧紧地跟上我所说的。像这样的事何时会发生？只有存在全然的关注，才会产生全然的行动，不是吗？那么，我们所指的“全然的关注”是何意思？

请注意，我是在边思考边说，并非复述记忆里的话，我在观察，在学习。同样地，你也必须观察你自己的头脑，而不只是听我口头上的解释。我们所指的“关注”是何意思？当头脑专注于某个目标时，这是关注吗？当头脑说“我必须只看这个，必须去掉其他所有的想法”，这是关注吗？还是，这是种排他的过程，因此不是关注？

毫无疑问，关注之中不存在努力，也不存在要专注的目标。在你专注于一个目标的那刻，这个目标就变得远比关注本身重要得多。然后，这个目标就仅仅是一种让你专心的手段，当你的头脑专注于一个观念时，就如同小孩被玩具吸引一样，其中不存在关注，因为这其中是排他的。

很显然，当存有动机时，其中就不存在关注。只有当不持任何动机、没有目标、没有任何形式的强制时，才会有关注。你们知道这样的关注吗？并非是你必须要去经历这样的关注，或者从我这儿了解它，而是，你自己是否知道这种关注的品质，这样一种头脑的感觉——也即头脑没有被迫去有所专注，也没有任何目标要达成，因此，可以毫无动机地去关注呢？先生们，你们了解了吗？重要的不是听懂，而是在你们听我说时，实实在在去感受这种全然关注的品质。

那么，何时会有全然的关注呢？显然，只有当爱存在时。当爱存在时，就会有全然的关注。无须任何动机、对象，无须丝毫强制，你只要爱就可以。只有当爱存在时，才会有全然的关注，因此，才会有全然的行动去应对有关政治的问题、宗教的问题和社会的问题。但是，我们都没有爱，而政治领袖、社会和宗教改革家也不关心爱。

如果他们真关心，就不会只是空谈改革，也不会去制造新的思维模式。爱不是多愁善感，不是情感主义，爱也不是奉献。它是种存在的状态：清晰、健全、理性、纯净，由此就可以产生全然的行动，唯独这样的行动才可以真正解决我们所有的难题。

马德拉斯，第二次公开演讲，1956 年 12 月 16 日

《克里希那穆提作品集》，第十卷，第 175 页

专注就是把全部心思缩至一个点上，是种排他的过程。因此，源自于专注的行动总是深受限制。

我认为，专注和关注两者是不同的。关注就是觉知思想的整个领域，关注是广博的，如果你观察，就会发现它是没有界限、不设限的。关注是对整体的觉知，处在这种状态之时，你关注任何问题，都能观察到思想的整个领域，同时也对问题的所有含义及其意义有所了知。然而专注就是把全部心思缩至一个点上，是种排他的过

程。因此，源于专注的行动总是深受限制，这种专注的状态之中不存在关注。而当存在关注时——也即头脑处于那种广博感之中，没有界限——也会有专注。小不能容大，但大能纳小。

孟买，第四次公开演讲，1958 年 12 月 7 日

《克里希那穆提作品集》，第十一卷，第 119 页

如果你是在关注，关注在你周围发生的一切……那么，经由这份关注，你就能了解到一种截然不同的专注。

你知道对事关注是怎么回事。关注并非专注。当你有所专注时——就如大多数人在做的——当你有所专注时会怎么样？你正在将自己孤立——除了某种特定的思想、某个特定的行动外，你对抗、推开其他的一切思想。你的专注孕育了对抗，因而专注不会带来自由。真的，如果你自己对它做观察，就会很简单。但是，如果你是在关注，关注在你周围发生的一切，关注脏乱、拥挤的

街道，关注很脏的公交车，关注你的言谈，以及你的姿态，关注你对老板的说话方式，你对佣人、上司和下属的说话方式，关注你对比自己地位低下的人的尊重或者冷漠，以及你的用词、你的想法——如果你关注所有这些，而不去纠正，那么，经由这份关注，你就能了解到一种截然不同的专注。这样的专注就不排他，其中也不存有任何努力，而如果只是那种通常的专注则需要努力。因此，如果你全然地关注——也即，完全而彻底地投入你全部的神经，投入你的双眼、双耳、你的心以及头脑——去了解恐惧，那么你会看到，你即刻从恐惧中解脱出来了。因为，只有清醒的头脑——没有活在恐惧的阴影之下，没有活在诸多欲望的混乱之中——只有这样的头脑，才能超越死亡，因为这样的头脑已然对生活有所了解。生活不是一场战役，不是折磨，生活不是一样你可以逃离的东西——逃离到山上或者逃离到寺院。我们之所以逃避，是因为生活对我们而言成了一种折磨，成了一场令人生厌的噩梦。如果你全然地关注某件事，那么，经由这份自由，你就会看到并且了解到何为爱。

新德里，第四次公开演讲，1965 年 11 月 18 日

《克里希那穆提作品集》，第十五卷，第 321 页

重点不是我们在做什么，而是我们是否能对此投以全身心的关注。

提问者：我感到自己的日常生活微不足道，我应该做点别的事。

克里希那穆提：当你吃东西时，就吃。当你散步时，就散步，不要说“我应该做点别的事”。当你看书时，就全身心地看，无论这是本侦探小说，还是本杂志、圣经或者你喜欢的书。全然地关注就是一种完整的行动，因此不存在“我必须做点别的事”。只有当我们漫不经心时，我们才会有这种想法：“我的天，我必须做点更有益的事。”如果我们在吃饭，就全身心地吃，那么这就是行动。重点不是我们在做什么，而是我们是否能对此投以全身心的关注。我所指的“关注”，不是指我们在学校或者做生意时，要专心学习的意思。而是去觉知——用我们的整个身体、神经，我们的双眼、双耳，我们的头脑、心——全然地关注。如果我们这么做，我们的生活就会有巨大的挑战。生活时时刻刻都需要这种关注，然而，我们已然被训练得心不在焉，以至于我们总是试图从关注逃离到心不在焉。我们问：“我要如何觉知？我很懒散。”那么就懒散好了，但要全然地关注懒散，全然地关注心不在焉。那么，当你知道你全然地关注着心不在焉时，这就是在关注。

萨能，第九次公开演讲，1966 年 7 月 28 日

《克里希那穆提作品集》，第十六卷，第 246 页

当你心不在焉时，请不要行动……正是因为心不在焉才孕育了伤害和痛苦。

克里希那穆提：当你全然地关注——倾注你的头脑、心，倾注你的全部神经、你的双眼和双耳，当这一切处在关注中时，就根本不存在时间。那么，你就不会说：“好吧，我昨天有关注，但今天没有。”关注不是一种时间上的持续动力。你要么关注，要么没有关注。我们大多数人都心不在焉，并在这种状态之下行动，给自己制造了痛苦。如果你在全然地关注这个世界正在发

生的一切——饥荒、战争、疾病——整体，那么人与人之间的分裂就会终结。

提问者：有像那样的时刻，但第二天或者下一刻它就消失了。我要怎么继续拥有这份记忆呢？

克里希那穆提：这是个记忆，那么它就是死的东西。因此，这就不是觉知、不是关注。关注是全然地处在当下。先生，这就是生活的艺术。当你心不在焉时，请不要行动。这需要极高的智慧以及大量的自我觉察——正是因为心不在焉才孕育了伤害和痛苦。当你用自己的整个存在全然关注时，这种状态下的行动是即刻的。然而，头脑会记下这个行动，并想重温它，然后你就迷失了。

提问者：你能讲讲有关行动、能量和关注之间的关系吗？

克里希那穆提：先生，我正在这么做呢。心不在焉是种能量的损耗。而我们经由教育、经由这个世界的社会架构以及心理架构被塑造成了心不在焉的人。人们替我们想好了一切——他们教我们怎么做，该信什么，教我们如何体验，如何使用新药——而我们就像只小绵羊一样对他们言听计从。这一切都是心不在焉的。而当有自我觉知，当对这整个结构、对自我的本质做很深入的探究时，关注就会成为一件自然而然的事。而关注之中存有大美。

纽约，第三次公开演讲，1966 年 9 月 30 日

《克里希那穆提作品集》，第十七卷，第 22 至 23 页

一旦你对这种非凡的倾听或者看的行动有直接的领会……你就会看到，这种行动与源于观念的行动……是截然不同的。

我想指出的是，去倾听有多重要，因为，我们大多数人几乎从不倾听任何东西。去正确地倾听，不投射你自己特定的偏见、个人喜好以及你已知的一切，这相当困难——怀揣着强烈的好奇心去倾听，就仿佛你第一次去学习、第一次做探究一样，就仿佛整个领域都向你开放着一样，不持有任何结论和记忆地一步步深入它——探究、摸索、推进、找出真相。这样的倾听需要有关注——不是集中精神的关注，不是当你有所图或者有所欲求时所投入的关注，而要做真正深入的探究，你就需要自由，

而倾听的行动就是自由。一旦你对这种非凡的倾听或者看的行动有直接的领会，对事物即刻有所了知时，你就会看到，这种行动与源自于观念的行动或者由某个观念派生出来的行动是截然不同的。

新德里，第四次公开演讲，1963 年 11 月 3 日
《克里希那穆提作品集》，第十四卷，第 20 页

在这种倾听的行动之中，行动本身的本质正在发生突变。

因此，我想就“倾听”做一下讨论，因为在我看来，倾听之中根本不会有任何努力的存在。只有在你听不懂所使用的语言或者词语时，才会有努力的存在。当你努力倾听，努力跟上讲话者所说的，当你努力集中精神，努力全神贯注时，这就阻碍了你去倾听。倾听意味着内在毫无矛盾，没有要做某事的企图，也没有努力要有所明白或者有所觉知，只是很放松地、带着一种无须集中精神的觉知去听。我接下来要说的东

西需要抱着非凡的深度去倾听。如果你能如此倾听，就会发现你已然领会了甚多的事，在这份倾听的行动之中，行动的本质就得到了转变。因为，倾听是种行动，并非是件远离真实生活的事。它包含了倾听你的妻子或者丈夫，倾听你的孩子、你的邻居，倾听各种噪音，以及倾听在生活里发生的各种丑陋之事，倾听所有的无情，倾听冷酷之词，也倾听赞美之词和令人悲痛之词。你会发现，在这种倾听的行动之中，行动本身的本质正在发生突变。

萨能，第五次公开演讲，1963 年 7 月 16 日

《克里希那穆提作品集》，第十三卷，第 301 至 302 页

如果你知道如何倾听，那么这种倾听的行动就是种解脱。

如果你知道如何倾听，那么这种倾听本身就是种完整的行动。如果可以多言几句的话，我认为了解这点很重要，因为我并非在发表什么新观念。观念根本不重

要——你可以有很多新的观念，或者听些未曾耳闻过的东西——重要的是如何去倾听，不仅仅倾听各种观念、各种新鲜事物，也要倾听一切，因为如果你知道如何倾听，那么这种倾听的行动就是种解脱。

纽约，第一次公开演讲，1954 年 5 月 22 日

《克里希那穆提作品集》，第八卷，第 213 页

如果你知道如何倾听，就会有奇迹发生。

真的，如果你知道如何倾听，就会有奇迹发生。如果你能倾听纯粹的声音，倾听两个音符之间的寂静，那么，你也许就能发现一切的真相。但是，只要你还有不断地解释和对抗的活动——做比较、对抗、接受，那么，你实际上并没有在倾听。

浦那，第四次公开演讲，1953 年 2 月 1 日

《克里希那穆提作品集》，第七卷，第 167 页

我们从不倾听自己——带着关爱去倾听，如此，一切、每个细节都会一一展露无遗。

我们从不倾听自己。我们都只知道对自己说“我必须”“我必须不”“这是错的”“这是好的”“这是坏的”“我必须遵守这个”“我必须这么做”或者“我必须不这么做”，这些都是我们对自己说过的。我们从不倾听自己——带着关爱去倾听，如此，一切、每个细节都会一一展露无遗。而这正是自我觉知的开始。没有自我觉知，你也就没有了行动的基础，也因此你所有的行动都只会招致痛苦和绝望。

孟买，第一次公开演讲，1964 年 2 月 9 日

《克里希那穆提作品集》，第十四卷，第 127 页

当你这么全然倾听时，观念就消失无影了，只存在倾听的状态。

请注意，如果我可以给出建议的话，那么今天晚上只要听就好。既不要接受也不要拒绝，或者用你自己的各种想法、信仰、矛盾等这一切去建立各种堡垒，如此就阻碍了你去倾听，而是只要听就好。我们并非要试图说服你什么，也没有想要通过任何的方式去让你符合特定的观念、模式或者行动。无论你喜欢与否，我们只是在陈述事实，而重要的是去了解这些事实。“学习”意味着全然地倾听——一种完整的觉察。当你倾听乌鸦啼叫时，不要用你内在的各种噪音去倾听，不要用你自己的各种恐惧、思想去倾听，也不要用你自己的各种观念和观点去倾听。然后你就会看到，根本不存在观念，事实上你只是在听。

同样地，如果我可以给出建议的话，那么今天晚上也只要听就好。不仅仅带着意识听，也带着潜意识去听——这或许要重要得多。我们大多数人都极易受影响。我们能对抗意识上所受的影响，但是，要抛开潜意识上所受的影响就要困难得多。如果你是在用我们所说的这种方式倾听，那么，就既不是意识在听，也不是潜意识在听，然后，你就处于全然的关注之中。关注并非是你的或者我的，关注无关国家主义，无关宗教，它不可划分。因此，当你这么全然倾听时，观念就消失无影了，只存在倾听的状态。当我们倾听美好的事物时——听悦耳的音乐、眺望高山、看着夜色或者水面上的波光又或者一朵云彩——在此种关注的状态之中，在这种倾听和看的状态之中，观念就消失无影了。

孟买，第七次公开演讲，1965 年 3 月 3 日

《克里希那穆提作品集》，第十五卷，第 89 页

如果我知道如何倾听……那么，此种倾听就会带来非凡的行动，这种行动并非是我有意识的一种努力。

正确地倾听，而不用你所了解的或者你所听过的去做诠释或者去做比较，仿佛你在很享受地听，并设法去发现和探究，而非阻挠和干扰，去真正地找出真相——

这和听讲座是完全不同的。我们习惯于去听各种讲座，我们听了很多或华丽或粗糙的言辞所拼凑而成的讲座。但是，真正倾听的作用远比这种特定的行动更具革命性。如果我知道如何倾听你，如何倾听音乐，如何倾听波浪声，并让这种倾听毫无障碍地深入我的内在，那么，此种倾听就会带来非凡的行动，这种行动并非是我有意识的一种努力。

孟买，第三次公开演讲，1953 年 2 月 15 日

《克里希那穆提作品集》，第七卷，第 189 页

你对所有倾听的行动、了解的行动以及看的行动有所了知……你和世界以及你所倾听之物之间就有了空间……

如果你确实在用这种很愉悦的方式倾听，非常放松，不带有丝毫的负担，那么，这种倾听的行动就是个奇迹。之所以是个奇迹，是因为在这种行动之中、在这一刻，你对所有倾听的行动、了解的行动以及看的行动有所了

知，你已然推翻了所有的保护墙，你和世界以及你所倾听之物之间就有了空间，而要观察、去看和倾听，你就必须要有这个空间。这个空间越宽广、越深邃，就会有更多的美，和更深的深度。

马德拉斯，第四次公开演讲，1964 年 1 月 22 日

《克里希那穆提作品集》，第十四卷，第 96 至 97 页

（倾听）是种整体的行动，而非局部的。而如果在我们整个人生中都能如此去倾听……那么生活就会成为一种无止境的学习和倾听的行动。

倾听的行动总是在当下。它一直是当下的运动。而当你按自己的理解、按你自己的传统和文化——如果你拥有一种文化的话——去诠释你所听到的那刻，就阻碍了你去倾听。如果一个人在倾听，他就能无止境地进行着这种非凡的运动，不仅仅倾听讲话者所说的，也倾听这一切——那群乌鸦、那辆公交车，倾听微风拂过树叶的

运动，还有观赏日落。这是种整体的行动，而非局部的。而如果在我们整个人生中都能如此去倾听，不是就几分钟而已，而是贯穿整个人生，去倾听一切声音——不仅仅倾听我们所熟悉的声音，也倾听思想和言语的一切运动，那么生活就会成为一种无止境的学习和倾听的行动。

马德拉斯，第六次公开演讲，1965 年 1 月 3 日

《克里希那穆提作品集》，第十五卷，第 34 页

如果你对自己有所了解，你就会了解何为爱，由此就会产生整体的行动，而这是唯一良善的行动……

正因为没有爱，所以你妄想有所改变，你只是在边缘做改革，中心仍然是空洞的。只有当你了解何为爱时，你才会知道如何去完整地行动。

先生们，我们都开发了自己的头脑，都是所谓的知识分子，也即意味着我们的头脑装满了各种字眼、解

释和技术。我们都好争辩，善于争论，善用各种观念互相反驳。我们的心灵塞满了头脑里的这些东西，这就是为什么我们总处于矛盾之中。爱是不会轻易到来的，你必须为之付出努力。而要去了解爱是很难的——很难的意思是：去了解它，你就必须知道何处需要理性，并尽可能要保持理性，但同时又要对理性的局限有所了解。这也意味着，要对爱的真相有所了解，就必须有自我了解——不是去了解大师、圣者，这些都能从书中了解到。这样的书也就只是本书，并非什么神圣的启示。只有通过自我了解，才会有神圣的启示。你是无法依据某个心理学家的模式，去对你自己有所了解的，只有通过观察你自己的思想是如何运作的，即当你上车，当你和自己的小孩、妻子或者佣人讲话时，时时刻刻地对你自己做观察，这样你才能对自己有所了解。

因此，如果你对自己有所了解，你就会了解何为爱，由此就会产生整体的行动，而这是唯一良善的行动，其他的都不是，无论这种行动有多么机敏、多么有利或者多么创新。而要去爱，你就要虚怀若谷——你本身就是谦虚的，而非培养谦虚。谦虚就是对你周围的一切都很敏感，不仅仅对美好的事物，也对丑陋的事物敏感，对繁星、夜晚的宁静以及树木很敏感，对孩子们、对脏乱的村庄，对佣人、警察、电车司机都很敏感。如此你就会看到，你的敏感，也即爱，解决了我们生活中的诸多难题，因为爱就是对思想所制造出来的各种问题的解答。

爱是由每个人自己直接发现的，而非通过投靠某个上师，或者通过某本书。爱必须自己独自去发现，因为爱是纯净、纯粹的，所以你必须彻底剥离掉贪婪、嫉妒，以及社会的一切愚昧，这些愚昧致使头脑变得局限、渺小而琐碎，然后爱才能到来。接着才会产生整体的行动，这种整体的行动就可以解决人类的各种问题，而非改革家、规划师和政客们那些四分五裂的行动。

马德拉斯，第二次公开演讲，1956 年 12 月 16 日

《克里希那穆提作品集》，第十卷，第 175 至 176 页

我们不能寄希望于通过改革和重组问题的某些部分，来解决这些人类的根本问题。

在我看来，只有爱才能创造正确的革命，所有其他的改革——也即，基于经济理论、社会思想体系等的这些改革——只能带来更进一步的失序，带来更多的混乱和痛苦。我们不能寄希望于通过改革和重组问题的某些部分，来解决这些人类的根本问题。只有存有大爱时，我们才能有一个整体的视角，因此就会有完整的行动，而非局部的、混乱的行动——我们称这样的行动为革命，而这样的行动不会有任何帮助。

萨能，第八次公开演讲，1964 年 7 月 28 日

《克里希那穆提作品集》，第十四卷，第 208 至 209 页

爱是处于行动之中的东西，是直接的。当你持有某个观念时，爱就不在了。

那么，我们所指的“革命”，并非是种脱离于行动的观念。它并非是有计划的革命。“有计划的革命”这个短语其本身就很矛盾，毫无意义。有计划的革命只是在遵从别人所建立好的模式，而无论这个人是谁。这并非革命，只是一种立足于观念之上的行动而已，这种观念依据某种模式而制定出来——只是对“你必须要有所作为”这种观念所做出的反应而已。接着你就应和着这种反应将行动去趋近于这个观念，因此，行动也就终止了，此时，观念远比行动重要得多——比做、行动和运作要重要得多。而我们正在讨论的“革命”并非是种要去贯彻于行动的观念。因此，由这种革命所带来的行动，其中不存在冲突，也不存在对某个观念的趋近和模仿。请务必看一下这点。或许它是一样你从未看过或者听过的新事物，你因此会对此有些不解，于是你就会问：“要如何不持有任何观念地去行动？”

你知道何为爱吗？爱并非是种观念。爱并非是依你的生活而量身定制的准则，也不是将行动与之趋近的观念。爱是处于行动之中的东西，是直接的。当你持有某个观念时，爱就不在了。我们都持有某个“爱应该如何”的观念。因此我们早已停止去爱，终止了爱。我们都很熟悉这种“爱应该如何”的观念——爱必定是纯洁的、非物质的，它必定很神圣，它必定是这个，必定是那个。所有这些观念都立足于各种言词、模式和准则之上，我们其实并不了解何为爱、何为关怀，我们并不了解对别人、对事物、对树木或者对动物那种真正的感情是什么……

圣者们都跟你说，要发现神明，你就必须弃世，必须不过性生活，不要看，不要感情，必须要压抑，加以克制和消灭。当你压制感受时会怎样？在某个地方它又会突然冒出来。你内在非常兴奋，但你却去压制它，你说：“为了找到神明，我必须过一种单身汉的生活。”你因此只是在不断地绕圈而已，而绝无可能去发现神明，也绝不可能对整个问题有所了解。在我们将观念和行动分离开时，它们因此而制造出了真正的人间地狱，以及真正的不幸。

有没有可能不持有任何观念地去行动？这是有可能

的，只有在你毫无冲突地观察时，才有可能，因此就会有直接的行动。这种行动并非是循规蹈矩，而是非凡的解放的过程，因此，它是具有革命性的行动。

新德里，第七次公开演讲，1963 年 11 月 13 日

《克里希那穆提作品集》，第十四卷，第 44 至 45 页

观念和行动两者总是脱离的，因此就总存在冲突。

提问者：请你讲讲行动中的学习，好吗？

克里希那穆提：他们已经在某些工厂有所发现——如果一个工人持续以同样的方式重复工作，干同样的活儿时，他的产量就会减少，因为他厌倦于做同样的重复性的事，但是，如果在他工作时，让他同时学习，他的产量就会高一些。这是他们所发现的，所以他们让工人在干活儿时学习。

对此，我们用另外的方式去看。我们大多数人都持有各种观念。对我们来说，观念、准则、概念都极其重要。

国家主义是种观念，黑人、印度人、白种人这些都是观念。尽管这些观念制造了各种可怕的活动，但对我们而言，这些观念、思想体系、准则都极其重要，而行动却不重要。我们依据这些概念、这些观念而有所行动，将行动趋近于这些观念。观念和行动两者总是脱离的，因此就总存在冲突。一个想要了解和终止这种冲突的人，就必须要了解他能否不抱持任何观念地去行动。在他行动时他就必须学习。

让我们拿“爱”来做个例子。爱不是件简单的事，它相当复杂。我们并不了解何为爱。我们对爱持有各种观念——我们的爱必定是有嫉妒心的，将爱划分成圣人之爱和凡人之爱。我们对此都持有诸多观念。而要去弄清楚何为爱，以及它的深度和它的美，要去弄清楚是否有爱这样的东西——它和善行、同情心、容忍以及柔和都不相干，尽管也许这些都包含于其中。如果我真想弄清楚，我就必须扔掉对爱持有的各种观念，在我这么做时，我对爱就有所了解，就是如此。

萨能，第四次公开演讲，1966 年 7 月 17 日

《克里希那穆提作品集》，第十六卷，第 218 至 219 页

爱的行动就不存有任何动机，而其他任何行动都有其动机。

当头脑意识到自己的整个局限——只要头脑一味地追求舒适，或者很偷懒地只选择容易的方式，它就无法意识到——那么，它所有的活动就都终止了，它就会变得彻底的安静，没有任何的欲望、任何的强制，也不存有任何的动机，就只存在自由。

“我们必须在这个世界上生活下去，而无论我们做什么——从谋生到对头脑做最微妙的探究，其中都有某种动机或者其他的东西。那么，究竟有没有毫无动机的行动呢？”

难道你不觉得有吗？爱的行动就不存有任何动机，而其他任何行动都有其动机。

《生命的注释》，第三卷，第 60 页

当你用自己的整个存在去爱时，自我矛盾就不存在了。

自我矛盾正是狡猾的产物，而非智慧的产物。在调节我们自己适应环境方面，它具有一定的作用——这正是我们大多数人在做的。自我矛盾，总伴随着无止境的努力，它给意识设限，因此，从根本上来说，源自于自我矛盾的行动都会制造痛苦，尽管从表面上来看，这也许是值得的。如果你的头脑处于自我矛盾之中，表面上你也许是在做好事，而本质上你其实是在制造更进一步的痛苦。

先生们，当你用自己的整个存在去爱时，自我矛盾就不存在了。但我们大多数人并没有这种完整的爱。我们将爱划分成肉体的和精神的、神圣的和世俗的等这样的无谓之事。我们并不了解，爱是种完整的感受，一种圆满的存在，既不属于过去，也不属于未来，也不关心它自己的延续。这种感受是整体的，没有国界，没有边界。这种感受就是摆脱了自我矛盾的束缚。不要问："我要怎么做到？"它并非是种要达成的理想，一种可以获得的东西，并非你必须要实现的目标。如果它成了种理想，那就把它扔掉，因为这只会在你生活中制造更大的矛盾。你的理想和痛苦已经够多了——不要再另外增加了。我们正在讨论的是截然不同的东西：让头脑从各种理想中解脱出来，这样，头脑也就从所有的矛盾之中解脱了出来。如果你能看到这个真相，就足够了。

孟买，第二次公开演讲，1959 年 12 月 27 日
《克里希那穆提作品集》，第十一卷，第 264 页

只有在有这种热情的感觉时，爱才会到来。然后经由这份感觉，就会有行动……

说到底，宗教即是对爱做探索，而爱需要时时刻刻去加以探索。你必须让前一刻已知的爱死去，这样在任何时候你都能重新认识爱为何物。而只有在有这种热情的感觉时，爱才会到来。然后经由这份感觉，就会有行动，这样的行动不会束缚你，因为爱从来都不会束缚任何东西。因此，宗教也就并非是我们现在看到的这个样子，

现在的宗教很不幸，很令人沮丧，是僵死的。宗教意味着清明、光明和热情，它意味着头脑是清空的，因而可以接受那不朽的、不可度量的丰盈。

孟买，第九次公开演讲，1958 年 12 月 24 日

《克里希那穆提作品集》，第十一卷，第 148 页

我们可以互相帮助去找到真理之门，但是，每个人都必须自己打开这扇门，对我来说，这是唯一真实的行动。

只有当头脑不再贪得无厌、不再有所追寻或者有所欲求时，这样的头脑才能自由地去发现何为真实。

这就是为何了解自己很重要——不是分析，用头脑的一部分去分析它的另一部分，这只会导致更进一步的混乱——而是不做任何评判，不带任何谴责，实事求是地去觉察我们行动的方式、我们所说的话、我们的各种情绪，以及觉察我们隐藏着的各种想法。如果我们能很泰然地看着自己，这样的话，那些隐藏着的情绪就不会被打压回去，

而是会被邀请出来，被了解。这样头脑就会变得真正的安静，唯有如此，才可能过一种很充实的生活。

我认为，我们应该共同探讨这些事。我们可以互相帮助去找到真理之门，每个人都必须自己打开这扇门，对我来说这是唯一真实的行动。

因此，我们每个人都必须要进行一场内在的宗教革命，因为只有这种内在的宗教革命，才能彻底改变我们的思维方式。要带来这种革命，就必须安静地观察头脑的各种反应，不带有任何的批判、谴责或者比较。当今，头脑由积累起来的记忆拼凑而成。只要存在嫉妒、野心和自我追求，就不可能具有创造力。因此，在我看来，我们唯一能做的就是了解我们自己、了解我们头脑的运作方式，这种了解的过程是个艰巨的任务。这并非是很随性地去做，稍后或者明天去做，而是每天、每一刻、一直都这么做。要了解我们自己，就要自发地、自然而然地去觉察我们的思考方式，如此，我们就能开始看到隐藏于我们思想之后的各种动机和意图，这样就会给头脑带来解放，使它从自己的束缚和各种局限的过程之中解脱出来。然后头脑就静止了，在这份寂静之中，某种非头脑领域的东西自然就会到来。

斯德哥尔摩，第一次公开演讲，1956 年 5 月 14 日

《克里希那穆提作品集》，第十卷，第 3 至 4 页

正是言语制造和孕育了思想，而思想也即记忆、经验和欢愉。

我可以没有中心、不带有制造了思想的言辞去看一朵花、一片云或者一只展翅飞翔的小鸟。但我能不能这样不带任何言词地去看每个问题——恐惧的问题、快乐的问题呢？因为正是言语制造和孕育了思想，而思想也即记忆、经验和欢愉。

这真的是相当简单。因为简单，所以我们都不相信。我们希望每件事都很复杂、很棘手。而所有的狡诈都被芬芳的言语所覆盖着。如果我能不带言语地看着一朵花——我能做到，而只要对此投入足够的关注，任何人都可以做到——难道我就不能用同样客观和非言语的关注，去看着自己的各种问题吗？难道我就不能处在寂静之中去看吗？其中没有言语、没有愉悦的思想机制，也没有时间的运作。难道我不能只是看？我认为这是整个问题的关键所在，并非是从外围去着手处理问题，这样只会使生活变得无比复杂，而是看着生活，看着生活中各种复杂的问题——谋生、性、死亡、痛苦、悲伤、巨大的孤独感——不带联想地、由寂静之中看着所有这些，这意味着没有中心，不带任何会引起思想反应的言语，思想反应就是记忆，因此就是时间。我认为这才是真正的难题、真正的问题：头脑能不能看着生活，这样就会直接地行动而并非持有某种观念地行动——然后将冲突完全消除掉。

伦敦，第六次公开演讲，1965 年 5 月 9 日

《克里希那穆提作品集》，第十五卷，第 143 页

当有寂静时，由这份寂静之中，就会有行动，这种行动从不会复杂、不会有混乱和矛盾。

因此，寂静的到来是因为孑然独立。这种寂静是超越意识的。意识也即快乐、思想，以及所有这样的有意识或者无意识的机制——在这个领域里从来不存在寂静，因而在此领域里的一切行动总会带来混乱、悲伤和痛苦。

只有当存在由这寂静之中所产生的行动时，悲伤才会终结。除非头脑从悲伤中彻底解脱出来——个人的悲伤或者非个人的——否则头脑就会活在黑暗、恐惧和焦虑之中，也因此，无论它有何行动，总会存在混乱，无论它做何选择，总会带来冲突。当一个人对所有这些有所了解时，寂静就会到来。当存在寂静时，就会有所行动，寂静本身就是行动——而并非先有寂静后有行动。也许你从未经历过彻底的寂静，但如若你处于寂静之中，尽管你有各种记忆、经验和知识，你都能处在这份寂静之中去讲话，当然，要是没有知识，你就根本无法讲话！当有寂静时，由这份寂静之中，就会有行动，这种行动从不会复杂、不会有混乱和矛盾。

马德拉斯，第六次公开演讲，1966 年 1 月 9 日

《克里希那穆提作品集》，第十六卷，第 38 至 39 页

宗教人士就如潮汐般由外部向内部回流……所以就有一种完美的平衡，一种整体感，并非把外部和内部视作两种分离开来的运动，而是视作一种统一的运动。

我认为，如果我们把这些讨论当作是有关理论的事来看待，并将自己的生活去符合这些观念或者理想时，那么，这真是个天大的误解。毫无疑问，这并非是我们在做的。我们正非常谨慎、非常慎重地在对各种事实做探索，毕竟这是一种科学家才会去用的方法。科学家也许会持有很多理论，但在他们面对各种事实时，就会抛开这些理论，只关心对外部事物做观察。这些外部事物或近或远，都关乎物质，在他眼里，就只存在物质以及对这种物质的观察——一种外部的活动。而宗教头脑关心的是事实，并由这个事实开始去做探索，这样的外部活动是一种和它的内部活动相统一的过程——这两种活动不可分割。宗教人士就如潮汐般由外部向内部回流，因为存在着这样由外至内，以及由内至外的恒常运动，所以就有一种完美的平衡，一种整体感，并非把外部和内部视作两种分离开来的运动，而是视作一种统一的运动。

要是一个人很细心地观察，他就会看到“无名”是件多了不起的事。不管怎样，要了解事实，就需要用这种无名的方式。要看到何为虚假这一事实，或者弄清楚何为真相，就必定要用无名的方式，而非传统的方式，或者抱有希望的方式、绝望的方式，又或者抱持观念的方式——所有这些都是对某种东西的认同，因此决非无名。躲进寺庙，封一法号的僧侣也并非无名，遁世修行者也不是，因为，他们依然都对自己所受的局限认同。一个人必须很真实地觉察到这种非凡的运动——内部和外部统一的过程，而对这整件事的了解必定是用无名的方式。因此，重要的是去对所有的局限有所了解，对这些局限有所觉察，并去打破这些局限。

我希望你们能对倾听的意义有所觉察。你不只是在听我这个讲话者说话，你同时也在倾听你自己的头脑——因为我们所谈的都只是一种指示。更为重要的是通过这种指示，你开始去倾听——头脑开始倾听它自己，并对它自己、对思想的一切运动开始有所觉知。那么，我就会觉得这些讨论都非常有意义，很值得做。但是，如果你只把它们视作为理论，或者当作是种需要去思考的东西，并经由思考得出某个结论，接着你就将自己的生活去趋近于这个结论，这样的话，这些讨论都白费了。当存在谴责的过程，或者存在调整时，就会存在对思想的认同。当我们在一起探讨时，你必须看到所有这些的含义。我们已经对宗教头脑和科学头脑做了讨论。其他的头脑都是有害的——无论这头脑是属于一个博学的人，还是一个很有学问的人，又或者属于一个弃世的遁世修行者，当然，政治头脑是最具破坏性的。真正的科学头脑会去观察、分析、剖析，毫不妥协地深入探究生命的外部运动。科学家也许会在实验室之外的地方有所妥协，这时他仍然是个深受局限的人，但是，在实验室里，他就有一种探究和钻研的精神，坚持追寻事物的真相——这是科学领域里独有的精神，我们的头脑必须如此才能对真相有所了解。头脑必须对外在和内在都有这样的了知，因为内在和外在是两个唯一真实的事实，于是一个人就开始把内在和外在作为一种统一的过程去了解，而只有宗教头脑才能对这种统一的过程有所了解。然后，源自于宗教头脑的任何行动——只有这样的行动，才不会带来任何的痛苦和混乱。

孟买，第七次公开演讲，1961 年 3 月 5 日

《克里希那穆提作品集》，第十二卷，第 89 至 90 页

彻底空无的头脑——空无意味着觉察、寂静，因此也意味着爱，以及对死亡的全然了解——这样的头脑就具有创造力。

你是否曾经知道，科学家们是怎么拥有非凡能量的？如果你曾经去过一流的研究室，你就会看到精力极其充沛、非常活跃的科学家。因为他正着手处理外部的事，所以不存在任何的对抗，他在对一个个事实做探究，所以并未沉浸于各种理论、假设以及推测之中。他并非是个理论家，而是个纯粹、敏锐的技术员。用显微镜观察着一切，因此，在实验室里他拥有巨大的能量。但是，当他走出实验室，他也会像其他人一样：很焦虑，为职位而争斗，充满竞争，是个国家主义者，陷于各类宗教信仰之中，或者发明了他自己特定的信仰等——这都是能量的浪费。

而要去看，头脑就必须是全然寂静的。毕竟，即使科学家是通过显微镜在观察，或者无论他在做什么，他都是从寂静之中观察的，而非源自知识去做观察，他会依据知识去解释他所观察到的，因此就有了行动。但他是由寂静之中做观察的——也许这种寂静只持续了一瞬间或者一个小时。而这是唯一的观察方式。

因此，培养寂静的头脑是很愚蠢的。你是无法通过练习而去拥有一颗寂静的心，而是经由看、观察，然后你就必定会拥有寂静。务请去看日落，如果头脑一直喋喋不休，你就无法看日落，你不可能看着它。只有当头脑极其安静和充满热情时，你才能全然地看着日落。毕竟这才是美。也就是说，只有当存在热情，当你带着全然的热情看着日落时，才有可能洞察美和非美。而如果你的心并不安静，你就不可能是热情的。因此，你开始看到，当你观察时，你的头脑就会变得极其安静。当你观察时，你不必训练头脑变得安静——这样的话，头脑就是僵死的。而一颗由寂静之中去观察的头脑，自会有它自身的纪律，因为它正在做观察。

出自寂静的观察就是热情，也即能量。然后你就可以去观察你自己的各种恐惧。大多数人都很害怕——害怕死亡，害怕空虚以及毫无意义的生活。而一个人必须面对恐惧，不带任何活动地去观察它——不企图超越它或者与之对抗，也不试图摆脱它。去超越、克服和压抑它——都是种能量的浪费。如果你观察恐惧的整个活动，出自寂静的这份观察就会释放能量，然后恐惧就终结了。

因此，必须要对日常的事务进行观察，当我们使用“观察”这个词时，我们所指的“观察”是不持批判的，并非是不满、服从或者压抑的产物，而是处在寂静之中做观察，只是对事实做观察，不去对事实做诠释，或者对这个事实持有某个观念。经由这样的观察，你就会看到，不需要努力去做，努力地反抗、克服或者否定，所有努力都全部消失了。一个人可以过自己的日子——上班、煮饭、做各种事——而无须任何努力。

宗教头脑——对家庭很了解，并对家庭在整体中所处的位置也很了解，这样的头脑不追求权力、职位，不陷入任何的宗教仪式、教条和信仰之中，也不陷于任何有组织的教堂或者寺庙，这样的头脑不会有动力去制造幻觉。宗教头脑，即观察事实的头脑，也因此，无论这样的头脑做什么，根本无须任何的努力。

然后你就可以探究得更深，即，通过对外在事物的观察，一个人进入了内在。而外在和内在并非两种不同的状态，它们是由寂静之中所觉察的同一种状态。

这种寂静就是空间。我们居住在非常狭小的空间——由抱持各种观念的头脑所制造的空间。头脑就是它所处的那个特定的社会和文化所带来的局限的产物，它生活在非常狭小的空间里，所有的斗争、所有的关系，以及所有的焦虑都挤在这个狭小的空间里。当通过观察，头脑不费任何力气，很自然、很放松地变得安静时，这个狭小的空间就被打破了。当头脑变得彻底安静时，你会看到空间没有了任何限制，你就会看到，客体并未制造任何空间，就只存在着空间——无限的空间。

当发生这些时，头脑即是真正的宗教头脑，经由这样的头脑，就有行动，你就会是个特等公民——而不必逃离到寺庙，做个遁世修行者，也不用成为一名完备的技术人员，或者成为个很呆板的人。经由这种不费力、经由这份寂静的观察，就有行动，而这是唯一不会制造仇恨、敌意和竞争的行动。然后，经由这份观察和寂静，你就会看到，因为有空间的存在，所以也有了爱的存在。

爱就是：每天都死去。爱并非记忆，并非思想。爱并非是种将时间延伸以此让自己得以延续的东西。经由观察，一个人必须让一切事物的延续死去。然后爱才会到来，而有爱，才会有创造。

创造是最难了解的东西之一。一个人写了首诗，无论多优美的诗，他自认为是个很有创造力的人。生育了孩子的男女则认为自己很有创造力，做面包的人或者厨师可能认为自己也很有创造力。然而，创造是某种比这些更为深远的东西。只是写了本书，或者只满足于自己琐碎而又渺小野心的人，并不具创造力。创造并非是种人为的构造，并非是人造的技术知识，也非技术知识的产物——这只是种发明。创造不受时间的影响，不存在明天或者昨天，它是活生生的、不受时间影响的。如果你对存在的整个问题有所了解，那么它就会很自然地降临到你身上。

因此，宗教头脑就是所有这一切东西，这样的头脑就会有所了知，或者更确切地说，它处在一种不间断的创造力状态之中。它总是经由这种非凡空无感而有所行动。

我不知道，你是否曾经注意过——鼓怎么总是空的？当你敲击它时，它会发出声音，它是中空的。而我们的头脑却从不清空——它总是满满的。也因此，我们的行动一直都充斥着源自于思想的各种恐怖噪音，充斥着源于记忆的、绝望的恐怖噪音，行动也因此总是矛盾重重，导致更多的痛苦。

彻底空无的头脑——空无意味着觉察、寂静，因此也意味着爱，以及对死亡的全然了解——这样的头脑就具有创造力。具有创造力的头脑一直都是空无的，由这份空无之中它有所行动，由这份空无之中它讲话。因此，它一直都很真实，其本身决不会造成欺骗。而只有这样的宗教头脑才能解决世界上的各种痛苦的问题。

马德拉斯，第七次公开演讲，1965 年 1 月 6 日
《克里希那穆提作品集》，第十五卷，第 46 至 48 页

一个想要发现新生活，或者想要发现新的生活方式的人，必须去探究，必须去拥有这种品质非凡的寂静。

因此，寂静、冥想以及死亡是紧密相关的。如果不对昨日死去，就不可能有寂静。对于不积累的行动，寂静是绝对必需的，其中就不存在对习惯的增强。当你要失去自己所积累起来的东西时，死亡就变得很可怕，很丑陋。但是，如果从此刻起，终其一生你都丝毫不去积累，那么就不存在死亡。此刻生即是死，两者不可分割。

我们所熟知的生活就是种痛苦，就是种混乱、混沌，就是种折磨，还有努力。偶尔稍纵即逝地瞥见美、爱和

喜悦。而这正是不能创造崭新行动的惯性意识的产物。一个想要发现新生活，或者想要发现新的生活方式的人，必须去探究，必须去拥有这种品质非凡的寂静。只有让以往死去，没有争辩，不持动机，不说“我要得到回报”，这样才会拥有寂静，这整个的过程就是冥想。这会让你拥有一颗特别警醒的头脑，其中不存在一丝阴暗的立足之地，不存在任何未经检验、无法触及的暗角——也即意味着你审查过了所有的暗角。

冥想是件非凡的事，其本身就是种极大的喜悦。如此，冥想之中就有寂静，寂静本身也是行动。然后，你就可以经由这份寂静，而非知识——除技术知识外，去过生活、过日子。而这是人类可以有希望获得的唯一转变。否则，我们就只是在过一种毫无意义的生活——只有悲伤、痛苦和混乱。

马德拉斯，第五次公开演讲，1996 年 1 月 5 日

《克里希那穆提作品集》，第十六卷，第 31 至 32 页

正是学习结束了僵死之物，正是学习把感受带入了行动之中。在这种行动之中你也许会犯错，但是，错误是学习的一种经常性过程。

我觉得，如果头脑不能全然地看和全然地感受地球之美，感受天空、棕榈树以及地平线之美，或者感受一条皱纹、一张脸以及一个姿态的美，这样的头脑也绝不会对自由和美这种非凡的东西有所了知。在我们大多数人看来，自由就是束缚的对立面，因此自由就是种反应而已。而要去领会这种感受，了解美、了解爱——这样非凡的状态并非束缚的对立面——就需要头脑有能力看到事情的整体。无疑，我们大多数人都已经丧失或者从未拥有过真实的感受。我们的教育、生活方式，以及我们的日常习惯、传统和习俗早已剥夺了心的感受能力。如果你很勤勉地做观察，深入探究自己的头脑，你就会发现感受本身并不存有动机——感受一棵树，欣赏富人驾着豪车，看到村民挨饿、挣扎，日复一日地辛劳工作。如果有感受，由这份感受本身，就会有行动，这种行动要比慈善家和改革家们的理智行动更全面、更有成效，因为，这种行动之中有对美和丑的领会与感受——而并非把美和丑作为对立面而已。如果我们要对自己的生活，以及思考方式的整个过程有所了解的话，拥有这样的感受是必不可少的。这意味着要对生活的深度和广度都有所了解，也要对这件被称为自我——“我”的非凡事物有所了解。要了解这个“我”，这个自我，它所有的喜悦、挣扎、痛苦、意图、希望、恐惧、野心、羡慕以及嫉妒等，就必须要有很深刻的感受，而不仅仅是思考。你知道，当你对事物有所感受时，你就会看得更敏锐、更明智和更清晰。我不知道你是否注意过，当你爱着某个人，或者当你看到别人身上相当特别的东西时，你就会变得明智、敏锐和警觉得多，不是吗？专注之中也存在敏锐和警觉，但其中并没有感受，也没有情感。

如果一个人能真正对此有所领会，不仅仅是在理智或者言语上领会，而是从事实上真正地明白了，当你看一棵树、一个男孩、一个女孩——带着这样的品质看时，你也就可以觉察到头脑的整个内容——不仅仅有肤浅、显著的意识，也有无数挣扎、种族遗传、各种动机、经验以及累积知识的潜意识。由这份全然的觉察和感知，你就会看到一种截然不同的行动过程产生了。

也许我正在讲的是你从未经历过的，也许你会让我实际点，实实在在地跟你说该怎么做和不该怎么做，不要这么含糊其词。但是，难处就是，除非你自己看到这些——除非你自己看到这整片天空，看早上、傍晚、夜晚的美——否则除了日常生活中琐碎而渺小的活动之外，你永远不会做世间真正有意义的事，除非你自己领会这整件事，否则，你的生活会继续痛苦、悲伤。但是经由观察这件庞大的被称为“生活”的事，经由感知它，你就会带着精准、带着清晰以及带着深度去处理实际的日常事务。但是，我们大多数人都只关心眼前的利益，只关心眼前的结果，只在乎一时的快乐或者痛苦。因此，在我看来，在了解自我的过程之中，拥有这种感受很重要。但是，我们大多数的感受都是麻木的。当你每天都看到同样的贫穷、同样的肮脏、同样的痛苦和挣扎，以及同样的习俗和习惯，头脑就会变得迟钝、失去活力，会变得很麻木，会变得很难去感受。因此，如果可以的话，我想对此深入探究一下，并且如果我们能对此有非常深入的了解的话，这会帮助我们认识到这种感受——这种感受完全不同于多愁善感、情感主义、泪水以及奉献。如果我们能对这份感受有所领会，那么天堂就打开了。

如果你在倾听——倾听是种关注的行动，而非专注——并且直接体验你自己的状态，你就会看到，一种热爱学习的非凡感受产生了，这并非是学习一本书或者一次讲座，这样的学习只是学习知识，是死的，只是在培养记忆而已，而记忆并非智慧。如果你和我都能真正倾听、学习，你就会看到有一种汹涌的感受升起，“汹涌”这个词我用得很确切——一种对完满的喷发和释放，而没有这种完满，你就不可能获得领悟。

如果我们对此细心聆听就会发现，经由依恋，我们破坏了自己的感受，因为我们所有的依恋都是对已死之物的依附。你绝不可能依附于活生生的东西，就如你不可能依附于河流、大海一样，因为活生生的东西是活动的、永恒的，处在不断的运动之中。因此，当你说你依恋自己的儿子、女儿或者你丈夫时，如果你能很仔细地观察自己的内在，你会看到你不可能依附于一个活生生的人，因为人总是在不停地变化和改变，处在一种动荡的状态之中。你所依恋的是你对这个人所持的意象……而意象是死的！因此看看头脑所做的——它制造出各种意象，然后依附于这些死的东西！

因此，你开始看到——爱没有依恋。这是件很难让人接受的事，然而是事实。正因为我们的头脑是如此地依恋已死之物，所以问题就产生了。接着我们就设法培养超然——这只是依恋不同的外衣而已，因此仍属于死亡的领域。务请观察你自己——观察我们有多僵化，观察我们是怎么破坏这种汩汩涌动的感受。地球不是个死的东西，当你依附于你称为“印度”的东西时——它只是象征了地球的一小部分，不是地球本身——你这样只是在抓住一些僵死的东西。因此，你的国家主义只是在和死的东西做纠缠，毫无深度，毫无活力。而对地球本身的感受——不是我的地球或者俄罗斯的地球，不是美国的地球或者英国的地球——就拥有了一种活生生的品质。

现在，如果你已真正地对所有这些有所了解，不仅仅是言语上或者理智上了解，而是如果你和我一起很深刻地感知到——这确实是件非常严肃的事——你就会看到，你可以带着一种不同品质的头脑、一种全新品质的头脑去上班，在日常生活里活动。无论怎样，你不可能停止处理你的各种日常事务，不可能停止过日子——现在这些只是对你所依附东西的一种例行公事。当你依附于盛水的喷泉时，你就不可能同活水一起流动——要看到这个真相，不仅仅需要洞察力、清明的思想以及精准的头脑，更需要对美有感受。如果你已然对此有所了解，你就会看到依恋不再有任何意义。你不必奋力摆脱它，它就如风中叶片一样掉落了。然后，你的头脑就会变得特别有活力、敏锐和精准，不再混乱。

我希望自己表达清楚了，因为，对我们大多数人来说，日复一日的习惯性行动已变得极其重要，这样我们就从不会去看看地平线，而是一直埋头做事。当你对自己和所依恋之物的整个过程有所了解时，你才会拥有爆发性的感受。如果你能探索、审视以及深入探究这个被称为“依恋”的东西，你就会开始学习，而正是学习才结束了僵死之物，正是学习才把感受带入了行动之中。在这种行动之中你也许会犯错，但是，错误是学习的一种经常性过程。行动意味着你正试着看、发现、了解，而不仅仅是想得到结果——这样的结果是死的。如果你对中心——这个行动者不了解，行动就会变得渺小琐碎。我们把行动者同行动分开来，这个“我”总这么做，因此“我”变成了已死之物。但是，如果你开始对自己有所了解，也即自我认识、学习你自己，这份学习就是一件美妙的事，它是如此微妙，就如流动着的水。如果你能对此有所了解，并且带着这份了解去行动——不是带着思想行动，而是经由这样的学习过程有所行动——你就会发现头脑不再是僵死的，不再依恋于已死之物和垂死之物。这样的头脑就是非凡的——就如看不到尽头的地平线，就如无法度量的空间。这样的头脑就能深入得很深，变成宇宙、超越时间。由这种状态之中，你就能在时间领域里行动，但是却带着截然不同的感受。所有这些需要的不是钟表上的时间——天、周、年，而是对你自己的了解——这可以立刻就做。然后，你就会知道爱是什么。爱没有嫉妒、羡慕，没有野心，也没有停泊所，爱是种状态，其中不存在时间，而正因为爱，行动在我们的日常生活里才具有了截然不同的意义。

孟买，第四次公开演讲，1958 年 12 月 7 日

《克里希那穆提作品集》，第十一卷，第 120 至 123 页

启发式的方式　第六章

当你亲自去发现虚假之中的真相……这件非凡的事就创造了一种爆发的品质……（它）会治愈并带来完全健康和清明的行动。

当你自己去发现何为真实时，这个真相本身就会运作，你根本不必行动。甚至在办公室、在家，或者当你独自走在树林和溪流边时，这种由你自己所发现的真相正运作着——你并非是在人云亦云地复述别人所说的真相。当经由你自己弄清楚何为真相以及何为虚假，当你亲自去发现虚假之中的真相，以及真实即真相时，这件非凡的事就创造了一种爆发的品质，这种爆发的品质会治愈并带来完全健康和清明的行动。这也就是我们今晚要做的。通过倾听讲话者所说的，你要自己去发现真相，然后当真相到来时，让其自行运作。当其运作时，不要做任何干扰，就让其自行运作。

孟买，第四次公开演讲，1964 年 2 月 19 日

《克里希那穆提作品集》，第十四卷，第 143 至 144 页

正是自我了解带来了清明，而非依靠一本书、一个老师或者向导。

请注意，当我在说话时，去看你自己的生活，观察你自己的日常活动，以及你的思想，我只是在如实地描述实际发生的事。如果你只是听这些话，而不把这些同你自己的头脑活动联系起来，这就毫无意义。但是，如果你能把所说的这些和你的日常生活联系在一起，和你自己实际的头脑状态联系起来，这样的讨论就具有巨大的意义。如此你就会明白，我不是在告诉你怎么做。正相反，通过这些描述和解释，是你自己发现了自己思想的过程。当你自己了解了自己，清明自会到来。正是自我了解带来了清明，而非依靠一本书、一个老师或者向导。观察你是如何思考的，观察你在各种关系中对挑战的应对方式——觉察所有这些，不是在理论上，而是实际这么做，这会揭露自我的整个过程，而在这份了解之中就存在清明。因此请注意，如果我可以做最诚挚的请求的话，请倾听并将你所听的和你自己真实的头脑状态联系起来。

这样这些谈话就很值得，否则，它们就只是一些很快被抛却脑后的句子而已。

科伦坡，第二次公开演讲，1957年1月16日

《克里希那穆提作品集》，第十卷，第204至205页

你可曾看着一朵花，但并不将其命名为一朵玫瑰花……如果你能如此观察，不持任何由头脑所认定的价值，你会发现，欲望并不可怕。

那么，有没有可能，看、观察、觉察生活中的美丽之物以及丑陋之物，而不说“我必须”或者“我必须不”呢？你可曾就只是观察呢？先生们，你们了解吗？你可曾观察过你的妻子、你的孩子或者你的朋友，就只是看着他们？你可曾看着一朵花，但并不将其命名为一朵玫瑰花，也没有想要把它插在自己的纽扣孔里，或者想把它摘回家送给别人？如果你能如此观察，不持有任何由头脑所认定的价值，你就会发现，欲望并不可怕。你可以看着一辆车，欣赏它的美，但并不陷入混乱或者欲望

的矛盾之中。这需要带着巨大热情去观察，而非只是偶尔瞥一眼。这并非是你没有了欲望，而是头脑可以很纯粹地、不做任何描述地去看。它可以看着月亮，而不会马上说“那是月亮，多美啊”。因此，喋喋不休的头脑并未干预其中。如果你能这么做，你就会发现，在这种热情的观察、感受以及真实的情感之中，爱就会自行运作，这样的运作并非是源自于欲望的、矛盾重重的行动。

孟买，第二次公开演讲，1957 年 2 月 10 日

《克里希那穆提作品集》，第十卷，第 245 页

这种对真相的觉知，其本身就已足够。

那么，是什么促使你前进、有所行动的?

“是一切强烈的感受。强烈的愤怒驱使我有所行动，也许事后我会后悔，但是，正是这种愤怒的感受爆发出了行动。”

也就是说，你的整个存在都在其中，你忘了或者说

忽视了危险，你忘了自己的安危、安全，这种感受即是行动。在感受和行动之间不存在间隙。间隙是由所谓的推理过程制造出来的——根据一个人的信念、偏见、恐惧等，然后从正反两方面做权衡。此时的行动就是政治性的——将行动的自发性以及所有的仁慈给剥夺了。追求权力的人，无论是为了他们自己，还是为了他们的团队，或是他们的国家，他们用这种方式去行动，而这样的行动只会孕育更进一步的痛苦和混乱。

“实际上，”来自办公室的人接着说，“即使强烈地感受到需要根本的转变，不久也会被自我保护的推理，以及想到要是在自己身上发生这样的转变会怎样等这些给抹杀掉了。”

接着，感受就会受到各种观念和言语的束缚，不是吗？就会有种矛盾的反应，这种反应源自于希望不受干扰的欲望。如果事实是如此，那就继续老样子，不要借由追求理想、借由声称你自己正试着改变等诸如此类，去欺骗自己。就只是和你不想转变的这个事实共处，这种对真相的觉知，其本身就已足够。

“但是我确实想有所转变。”

那就转变，但是不要毫无感受地去谈论转变的必要性，这么做毫无意义。

“在我这个岁数，”老人说，“从外在来说，我没什么放不下的，但是，去摒弃旧观念和各种结论那就另当别论了。现在至少我看到了一件事：对此如果没有一种觉醒的感受，就不可能有根本的转变。推理是必要的，但它并非是行动的工具。了解并不必然就会有所行动。”

但是，感受的行动也是了解的行动，两者不可分，只有当行动是由理性、知识、结论或者由信仰所引起的，两者才会脱离。

“我开始非常清楚地看到，我持有对各种经文的知识，并以此作为行动的基础，这已然错失了对自己头脑的了解。”

立足于权威的行动根本不是行动，仅仅是种模仿和重复而已。

“而我们大多数人都深陷其中，但是人能够从中解脱出来。今晚让我了解了很多。”

《生命的注释》，第三卷，第161至162页

时间不会创造秩序。只有在当前的此刻之中，才会有秩序……

如果我延迟行动，如果我说我明天会有所改变，在现在和明天之间就会有各种压力和影响——各式各样的活动进行着。因此，时间不会创造秩序。只有在当前的此刻之中，才会有秩序，而非依靠时间。因此，只有当一个人对时间的整个结构和本质有所了解时，才会有秩序。

巴黎，第四次公开演讲，1965 年 5 月 27 日

《克里希那穆提作品集》，第十五卷，第 175 页

这样的解释很简单，而要去看到它，将之瓦解……就意味着即刻的行动。

对生活的这种对抗即是冲突。因此，我们必须探究一下何为生活。我所知道的就是去对抗生活，生活就是

这样不寻常的活动。我并不了解这种运动是什么——它就是种运动，一种无止境的流动。作为人类的一员，在这一万年里，我所学到的就是在自己周围堆砌起各种保护墙，这种堆砌就是对抗，因此也就是冲突。这样的解释很简单，而要去看到它，将之瓦解，去看到这种对抗，去觉察到这种数世纪以来不断地被强化、被重重护卫着的对抗——就意味着即刻的行动。

罗马，第二次公开讨论，1966 年 4 月 3 日

《克里希那穆提作品集》，第十六卷，第 99 页

要去探究、要去有所发现，就必定要心怀喜悦、怀揣热情和活力，当去深入探究我们称之为“头脑”的这件复杂的东西时，尤其如此。

我所要谈论的“行动”并非是局部的，并非源自于知识，也非权威的产物，而是种截然不同的东西——那就意味着真正意义上的无中心的行动。这一定在你身上发生过——做事，但未经谋略、未经选择、毫无争辩，

也不存在狡猾的思想机制，没有思量“曾经如何”或者“可能如何”。在你的生活里，必定这么做过事而没有这整个过程的参与。要了解这种行动需要大量的自我了解，也就是了解自己头脑的运作方式，因为，欺骗自己很容易，说“我有所行动但却不存在一个中心，我加入到没有思想运作过程的一类里了”——这很愚蠢，很幼稚，因为真正在运作的是你自己隐藏的欲望，而全然的行动、没有中心的行动则需要对你自己做探究——这意味着，不受任何局限，不持任何观念上的结论，去对思想的整个过程、对头脑的整个机制做真正深入的探究。

我不知道，你们中可有人曾经很认真地探究过自己，带着全然的意愿、不遗余力并且满怀喜悦，且无丝毫强迫感地探究过你们自己，并且也很想去发现你们自己的真实样子？只声称“我就是这样的”或者“我不是那样的”，这同样很幼稚，毫无意义。要去探究、要去有所发现，就必定要心怀喜悦、怀揣热情和活力，当去深入探究我们称之为“头脑”的这件复杂的东西时，尤其如此。但是我们大多数人去做探究，要么是出于绝望，要么就是想去发现可供给我们能量的东西，或者能带给我们安稳和持续保障的东西。真正的探究必须不沾染任何这些。一个人去做探究就只是想要去弄清楚实际上所发生的事。

175

我不知道你是否曾经这么做过，如果你曾对自己有过研究，就如一个女人对镜打量自己的脸一样，对镜打量你的脸不会有任何差错，你确实看到了它真实的样子——直发、鹰钩鼻等。你可以修饰这张脸，给它化妆，尽力让它变得更漂亮，但这是另一码事。同样，研究你自己就是去看你头脑的实际状态是什么——你为何思考，并做特定的事；你为何去办公室或者去寺庙；你为何和你妻子、佣人用特定的方式说话；你为何看经书，你为何要来这里听这些演讲。你必须时时刻刻了解所有这些——不是为了积累知识，然后基于这些积累的知识去运作。学习是种头脑的活动，其中不存在积累，只有在学习的活动中不积累知识时，你才能学习。当你积累知识，增补所学，你就停止了学习。通过学习来积累知识的头脑是受安全和保障的欲望所驱使的，或者是出于某种利益。而学习的活动之中不存在积累——这也即学习之美。学习就是去看你真实的样子——恨、诽谤、粗俗、恐惧、希望、焦虑、野心——而不持任何评判、评价，既不谴责也不接受。

马德拉斯，第三次公开演讲，1959 年 11 月 29 日

《克里希那穆提作品集》，第十一卷，第 226 至 227 页

如果你在关系这面镜子里观察自己的全部过程，你就会发现这是唯一必要的行动。

提问者：要了解你的教诲，是否需要一定量的戒律训练？

克里希那穆提：如果你真爱做某事，有必要训练自己去做吗？如果你真对我所说的感兴趣，你还需要戒律吗？你是否必须要去训练头脑以使它能够全神贯注，或者是否必须训练自己用很深的感受去倾听呢？用很深的感受去倾听就是了解的行动——但你对此并不感兴趣。这才是问题所在——你不感兴趣。并非你应该感兴趣，而是从根本上来说你们都很肤浅，你们都只想要舒适的生活，只想过得快乐。思考得很深入会很烦人，此外你也许会不得不很深入地行动，也许你发现自己对这个腐败的社会已经彻底反感。于是你就以此为消遣，在这儿插一脚，在那儿扎一脚，挣扎着问："我是不是应该训练自己去有所了解呢？"但是，如果你真正地去对我所指出的做探究，你就会发现这很简单，你自己就可以做到，无须任何人的帮助，包括我。你所要做的就是去了解你自己头脑的运作——头脑是不可思议之物，是地球上最美妙的东西。

但是，我们对此并不感兴趣。我们感兴趣的是，头脑可以给我们带来安全、激情、权力、职位以及知识——这些都是各式各样的利己主义。而我说，去看你们自己头脑的运作，去对它做深入的探究，去了解它，所有这些你都可以亲力亲为——观察你每天和别人的关系，你说话的方式，你打手势的方式，以及你对权势的追求，观察你在重要的人跟前，以及在佣人面前的表现方式。如果你在关系这面镜子里观察自己的全部过程，你就会发现这是唯一必要的行动。对此你无须做任何事，只要对它做观察。如果你能不带任何谴责地对你自己的整个过程做观察、做深入的探究，你就会发现头脑变得极其敏锐、清晰和无惧，头脑因此就能够对人类存在的各种问题有所了解，诸如死亡、冥想、梦以及头脑所面临的一些其他的问题。

因此，你无须任何特别的训练。你所需要的是关注，并非关注我所说的，而是关注你自己的头脑，你必须自己看——头脑是如何陷入言语，陷入没有任何依据、没有任何真实性可言的各种解释中去的。也许对别人来说这很真实，但如果你据此作为自己生活的依据时，就毫无真实可言了，它就只是一种假设、猜测和空想，因此也就毫无效力，其中毫无真实可言。要去发现真相，你就必须尽己所能地为之付出努力，就如你为自己的生活努力一样，甚至更甚。因为所有这些都要微妙得多，需要更多的关注，因为思想的每个活动都暗示着头脑的状态——意识的状态，也包括潜意识的状态。既然你不能一直对你头脑的运作方式做观察，你就偶尔注意到它、观察它，然后就随它去。如果你用这种方式观察你自己，你就会发现，这种关注有着截然不同的意义——如此，你就可以使得自己的头脑从集体中解脱出来。要是头脑只是对集体做记录，它的价值就和一台机器差不多。新型计算机在遵循特定的路线上有着极其出色的能力，但是人类的能力远不止于此。他们具有那种非凡创造力的可能性——不只是写几首诗或者几本书而已，而是没有中心的头脑所具有的那种创造力。

马德拉斯，第三次公开演讲，1956 年 12 月 19 日

《克里希那穆提作品集》，第十卷，第 180 至 181 页

我不知道，你是否曾经走在人群拥挤的街道上，或者走在无人的马路上，不带任何思想地就只是看着一切呢？

有没有可能活在这个世界上，上班、做饭、洗衣服、开车，做所有日常生活中的事——当前这些事都已成了种重复，并孕育了冲突——有没有可能做这一切事，去生活和行动，而不将这一切观念化，因此，行动就从所有的矛盾中解脱出来了呢？

我不知道，你是否曾经走在人群拥挤的街道上，或者走在无人的马路上，不带任何思想地就只是看着一切呢？一种没有思想干预的观察状态。尽管你觉察到了自己周围的一切，你也许辨识出人、高山、树木或者迎面而来的车，然而头脑并没有在常规的思维模式中运作。我不知道，这是否曾经在你身上发生过。当你开车或者散步时，某个时候确实这么做做看。不带任何思想地就只是看，观察而不做任何反应——是反应孕育了思想。尽管你辨识出颜色和形态，尽管你看着溪流、车子、山羊，但不予以任何反应，仅仅只是进行否定式的观察，而这种所谓的“否定式的观察”状态即是行动。这样的头脑就能将知识运用在头脑本该做的事上，而从思想中解脱出来意味着头脑不依反应来运作。带着如此品质的头脑，即一颗不做反应的、关注着的头脑，你可以上班，以及做其他一切事。

我们大多数人从早到晚一直都思量着自己的事，都在以自我为中心的活动模式中运作着。所有这样的活动，也即反应，必定会导致各种形式的冲突和退化。那么，有没有可能不在这种模式中运作，但仍然在这世上过着日子呢？我没有要你独自隐居于某个山洞里等这样的意思，而是说，有没有可能活在这世上，活在一种空无的状态下，作为一个完整的人去行动呢？——如果你没有曲解我所使用的“空无”这个词的话，无论你是作画，还是写诗，或者上班，你能不能在自己内在一直都拥有空无的空间，经由这样的空间去行动呢？因为，当存在这样空无的空间时，行动就不会孕育任何的矛盾。

我认为，发现这样的空间很重要——而你必须自己去发现它，因为它无法教授，也无法解释。而要去发现它，你首先必须了解，所有自我中心的行动是如何孕育了冲突的，然后问自己，头脑究竟能否满足于自我中心的行动。也许是暂时性地满足，而当你觉察到所有这样的行动都无可避免地导致冲突时，你就会去试着发现是否有另外的行动，这样的行动不会导致任何冲突，你就必然会瞥见那一直存在着的真相。

萨能，第七次公开演讲，1964 年 7 月 26 日

《克里希那穆提作品集》，第十四卷，第 205 至 206 页

当你面对事实时，不持任何观念、评论和评判，你就会全然地活在此刻。

因此，只有当头脑有能力面对事实，即“现在如何”，就如面对贫穷，这不是一个最大的挑战——也不存在最大的挑战——这样的时候，头脑才会自由。生活时时刻刻都是一种挑战——面对贫穷，面对你老板，面对你妻子、孩子，面对汽车售票员，面对污秽，面对美轮美奂的日落，以及面对你自己的愤怒、嫉妒、愚蠢——所有这些都是事实。最重要的是你如何面对事实，而不是对事实做思考。当你面对事实时，不持任何观念、评论和评判，你就会全然地活在此刻。这样的头脑就没有时间的存在，

因此它会行动，因为事实本身就有着行动的紧迫性——而不是因为你的各种观念、欲望和理想。

马德拉斯，第四次公开演讲，1964 年 12 月 27 日
《克里希那穆提作品集》，第十五卷，第 25 页

只有看到事实这一全然的行为，才会产生行动，才会给人类的意识带来转变。

当你有能力纯粹地观察任何形式的事实时——记忆的事实、嫉妒的事实、国家主义的事实，仇恨的事实，渴望权力、地位和声誉的事实——这些事实就会显露巨大的能量。然后事实就会盛放，在这盛放的事实之中不仅仅有对事实的了解，而且还有这盛放的事实所产生的行动。

只有看到事实这一全然的行为，才会产生行动，才会给人类的意识带来转变。

马德拉斯，第二次公开演讲，1961 年 11 月 26 日
《克里希那穆提作品集》，第十二卷，第 283 页

如果你爱问题，问题就会如日落般迷人。如果你敌视问题，你就绝不会对它有所了解。

你们大多数人都提出了很多的问题，然后希望得到“是”或者“不是”的答案，提出像“你的意思是什么？”这样的问题很简单，接着你坐好休息，让我来解释，但是，如此深刻而清晰地深入探究问题，没有任何败坏，最终让问题得以了结，这要艰巨得多。只有在头脑面对问题之时，真正处于寂静之中时，这才会发生。如果你爱问题，它就会如日落般迷人。而如果你敌视问题，你就绝不会对它有所了解。我们大多数人都敌视问题，因为我们都害怕后果，害怕如果我们继续的话可能会发生的事，我们因此就看不到问题的重要性及其全貌。

《最初和最终的自由》，第 244 至 245 页

只有当意象不做任何干扰时，一个人才能很清楚地看……

只有当意象不做任何干扰时，一个人才能很清楚地看——意象也即知识、思想、情绪等所有这一切——只有那时，我才会去看，才会去听，才会有所了解。这种情况我们都碰到过——在你讨论、争辩、解释之际，头脑会一下子安静下来，你看到这些，惊呼："天哪，我了解了。"这种了解就是行动，而非观念，不是吗？

欧亥，第五次公开演讲，1966年11月12日

《克里希那穆提作品集》，第十七卷，第82页

因为你有所领会，所以这份领会即是行动，不管也不论你喜欢与否，它会一直继续下去。

因此，经由观察安静的必要性，意识就会变得很安

静。然后潜意识就会投射出所有的东西，投射出其所有的内容。当你观察一棵树、一个女人，当你观察一个男人、一个孩子时，随着各种反应、动机以及头脑之中隐藏的暗角涌出时，这些就会即刻被了解，因为意识没有在做评判、评价，没有在做比较。它就在那儿，因为不再追寻、不再需要经验，所以它全然安静地观察着。如果你已探究到如此的深度，你就会看到，意识的整个内容是清空的。

这些并非只是口头上说说而已。不要在事后去复述这些并问：“如何将意识清空？”你要么现在就清空，要么就永远不会做。如果你现在就做，你在余生里都会如此生活。如果你现在不做，就永远不会做，因为这并非是种源自记忆的行动，而是当下活生生的行动。因为你有所领会，所以这份领会即是行动，不管也不论你喜欢与否，它会一直继续下去。

新德里，第六次公开演讲，1963 年 11 月 10 日

《克里希那穆提作品集》，第十四卷，第 38 至 39 页

如果你只是倾听，让种子进入头脑的温床里，它就会发芽，繁荣，这样就会带来一种行动——本然的、真正的行动。

我希望这一切都不是太抽象、太难，但即便如此，也请注意倾听。也许你对这些只是一知半解，但是，这种倾听的行动就如在黑暗的土壤里播下了一颗种子，如果种子具有生命力，土壤也是肥沃的，它就会发芽，对此你不必做任何事。同样地，如果你只是倾听，让种子进入头脑的温床里，它就会发芽，繁荣，这样就会带来一种行动——本然的、真正的行动。

新德里，第八次公开演讲，1959 年 3 月 4 日

《克里希那穆提作品集》，第十一卷，第 199 页

第七章 让头脑自由的智慧行动

显然，社会之中个人才是最具重要性的，因为，只有个人才能带来具有创造力的行动，而非大众。

今晚我建议讨论一下转变和革命的问题，但是在我们做探究之前，我认为很重要的是去了解个人和社会的关系。首先要意识到，个人的各种问题——他的种种悲伤和挣扎，也是世界的问题。世界就是个人，个人并不是有别于他人所处于这个社会。这就是为什么个人没有彻底的转变，社会就成了种负担，是种没有责任心的延续而已，个人只是其中一个齿轮罢了。

有一种很强烈的思想倾向认为，当代社会中个人并不重要，必须做一切可能的事——经由宣传、制裁，以及各种大众传播方式——去控制个人、塑造个人的思想。个人自己也不清楚，处在如此沉重社会之中的他能做些什么，社会向他施以大山般的压力，他几近束手无策。面对种种的混乱、衰败、战争、饥荒和痛苦，个人很自然会对自己提出这样的问题："我能做些什么？"我认为，答案是他对此什么也做不了，这是很显然的事实。他不可能阻止战争，不可能消灭饥荒，也不可能停止宗教偏见，或者结束国家主义的历史进程，以及所有与之相关的各种冲突。

因此，我认为提出这样的问题，本质上就是错误的。个人的责任并非是对社会而言，而是对他自己负有责任。而如果他对自己负责任，他就会作用于社会——但是倒过来就不行。很显然，个人对这个社会的混乱是无能为力的，但是，当他开始清除掉自己的混乱、自我矛盾，以及他自身的暴力和恐惧时，这样的个人对社会而言就是弥足珍贵的。我觉得只有少数人意识到了这点。看到我们在这个世界范围内是无能为力的，我们不可避免地会完全无所作为——而这实际上是逃避自身应有的行动，这种行动本身就会带来彻底的转变。

因此，我和你的谈话，也即是两个人在交谈。我们不是作为印度人、美国人、俄罗斯人，或者中国人在交谈，也不是作为任何特定社团的成员在交流，我们就是两个人在一起讨论事情，也不是什么外行和专家之间的讨论。对此如果清楚了的话，我们就可以继续讨论下去了。

显然，社会之中个人才是最具重要性的，因为只有个人才能带来具有创造力的行动，而非大众——我现在就会解释我所指的“创造力”是何意思。如果你看到了这个事实，那么你也会意识到，你内在真实的样子最具重要性。你的思考能力，以及没有自我矛盾的、整体的、完整的行动能力——这些才具重大意义。

我们看到，这世上如果有真正的转变——作为个人的你和我都必须要转变我们自己。除非我们每个人都有彻底的转变，否则，生活就是一种无止境的模仿，并最终导致厌倦、失望和绝望。

那么，我们所指的“转变”是何意思？无疑，强制的改变根本不是转变。如果我的转变是由于你迫使我做的改变，那么这仅仅只是一种因着便利的调整，一种因压力和恐惧所致的顺从而已。

我们大多数人都是由于害怕，或者由于某种形式的奖励或惩罚，被迫无奈做出改变的。在心理上，这是很真实的事实。当我们被迫做出改变时，这就只是一种表面上的服从，内在我们依然如故。我的改变也许是由于受到家庭或者所处社会的影响所致的，或者是政府规定我这么做的，这样的改变就只是种调整，而非转变，内在我仍然贪婪、嫉妒、野心勃勃，仍然失望、悲伤和恐惧。表面上我服从于某种新模式，而内在我仍然没有彻底的转变。因此，作为一个人，我有没有可能处于一种持续不断地转变和革新的状态之中？——这种状态并非由于强制或者承诺奖励而导致的。

毫无疑问，我出于强迫、恐惧、模仿或者奖励所做出的任何事，都在时间领域之内，这会养成习惯。我会不断反复地做这件事，直到习惯养成，这种习惯是在时间领域之内的。因此，时间领域之内不可能有真正的转变和革新，只可能有调整、服从、模仿和习惯。转变需要全然的觉察或者觉知隐含于模仿、服从中的一切，这种全然的觉察使得头脑得以解脱，并做出彻底的转变。我只是给你指出了这些，这样你就可以和我一起对它做细致的思考。

正如我所说的，迫于强制所做出的任何形式的转变，根本不是转变，我认为这是相当显而易见的。如果你强迫你的孩子做事，他会因恐惧去做，但不存在与之相关的理解和了解。当行动源自于恐惧时，也许看起来是种转变，但实际上并非如此。

那么，就让我们弄清楚——是否有可能了解，并使头脑从恐惧中解脱出来，因此就会有不费力的转变。所有要做出改变的努力都有其动机，不是吗？当我努力改变时，其目的就是要有所得，要有所避免或者想要成为别的什么，因此，其中根本不存在彻底的转变。我认为，如果要有根本性的转变，我们每个人必须对这个事实了解得很清楚。

如果我们都过着好生活，谋有一份好工作，并且相当富裕，大多数人都会对此很满足，不会想有所改变，只想这般继续下去。我们就陷入了某种习惯、某种舒适的窠臼里，我们只想继续这种有着无止境局限的状态。但是，生命的浪潮并非如此运作，它总在敲击和粉碎我们在自己周围所建立起来的保护墙。无论是在心理上，还是身体上，我们对安全的渴望总是受到生命运动的挑战，就如不平静的大海不断拍打着海岸一般。而一切都经受不住如此的拍打，无论一个人多么执着于这种内在的安全，但生活却不会允许它长久存在。因此，在生命运动和我们对安全的渴求之间存在一种矛盾，由这种矛盾制造出各种形式的恐惧。

如果我们能对恐惧有所了解，也许在这了解的过程之中，就可以终结恐惧，也因此产生了一种不费力的根本转变。

何为恐惧？我不知道你是否曾思考过它？我们现在就来检视它，但是，如果你只是在言语上明白了这些话，而并未对你自己的恐惧有所觉察，那么你其实并没对它有所了解，也就不会从恐惧中解脱出来。

毕竟，这些集会的意图并不仅仅是要启发你，同时也想帮助你在头脑的品质方面带来一场转变。头脑本身的品质必须要有一场革命。而只有当你对自己的恐惧有所觉知，有能力直接看恐惧时，才会有这样的革命。

恐惧是件令人悲伤和害怕的事，对我们大多数人而言，恐惧总是如影随形。一个人也许没有觉察到这点，但是内心深处它却一直存在——害怕死亡、害怕失败、害怕失业、害怕邻居的闲言碎语、害怕自己的妻子或者丈夫等所有这一切。有自己意识到的恐惧，也有自己没有意识到的恐惧。我所谈的并非是某种特定形式的恐惧，而是整体的恐惧感，因为，除非头脑能从所有的恐惧感之中解脱出来——那并不是去掩盖恐惧——否则思想就不可能带着觉知清明地运作，它会一直处在恐惧和混乱之中。因此对个人来说，从各种形式的恐惧之中解脱出来是绝对必要的。

那么，恐惧是如何产生的？当你真正直面事实时，还会有恐惧吗？请紧跟上我们所说的。无疑，当你直面事实时，就没有恐惧，因为在那一刻，挑战要求得到你的行动和你的回应，你就会有所行动。恐惧只在事件之前或者之后才会升起。我害怕将来的死亡，我害怕要是我病了也许会发生的一切——我也许会失业。或者想起以前发生过的事，或者最近发生过的，我就害怕。因此我的恐惧总是和过去或者未来连接在一起，它总在时间的范畴里，不是吗？恐惧是我对过去以及未来所做思考的产物。如果你非常仔细地观察，就会看到不存在对当下的恐惧。因为当全然觉知当下时，就既不存在过去，也不存在未来。不知道我有没有讲清楚这点。

我知道自己将来会死，所以就害怕死亡，害怕将要发生的事。我在过去目睹过死亡，这唤醒了我对未来所要发生的事的恐惧。因此，头脑从来不能全然地觉察当下——这并不意味着我必定是漫不经心地活着。我正在谈论的是觉察当下——它没有被过去的恐惧和未来的恐惧所沾染，因此是不受局限的。

了解这点很困难，除非你自己体验到我所说的——更确切地说，除非你观察恐惧真实地升起。只有当思想陷入过去的记忆里，或者陷入未来的希望里时，恐惧才会产生。因此，只有当头脑彻底地从时间中解脱出来时，才能彻底地扫除恐惧。这听起来有点复杂，但其实并非如此。我们习惯于敌视恐惧，习惯了训练自己去对抗它。我们宣称不必考虑过去或者未来，只需活在当下，我们因此建了一堵保护墙去对抗过去和未来，并试图充分活在当下，但这是种非常肤浅的生活方式。如果这清楚了，那么就让我们再来看看恐惧的整个过程。

既然害怕，那么我要如何解决这种恐惧呢？我可以对抗恐惧，也可以逃避它，但是对抗和逃避都不能去除恐惧。那么我要如何接近恐惧，我要如何毫不费力地了解并解决恐惧呢？在我努力从恐惧中解脱出来的那刻，我就在锻炼意志力。因此必须去除这种努力的习惯——这是我必须首要意识到的事。我的头脑陷入了谴责和对抗恐惧的习惯之中，这就阻碍了我对恐惧的了解。如果我想了解恐惧，就一定不能有对抗在运作，对这种我称为恐惧的特定感受不存有防卫机制。那么会怎么样？当头脑从对抗恐惧以及逃避恐惧的习惯中解脱出来——也即从看书、听音乐以及我们所熟知的各种形式的逃避中解脱出来时，会怎么样？无疑，这样的头脑就有能力直接看我们称之为恐惧的这种感觉了。

那么，头脑能否看着这一切而不给其命名呢？我能否看着一朵花，看着水面上的月光，看着一只昆虫，看着一种情绪，而不用言语将其表述出来，没有将其命名呢？因为对所觉察到的东西用言语表述，以及将其命名，是对觉察的一种干扰，不是吗？

先生们，请注意，我希望你们能真的这么做，去尝试发现你是否能看着自己的恐惧而不给其命名。你能否看着一朵花而不给它命名，不说“这朵花真好看”“它是黄色的”“我喜欢这朵花”“我不喜欢这朵花”——当你看着某物时，却没有头脑的各种喋喋不休在运作呢？去做一下，你就会发现这是最难的事情之一。这种头脑的喋喋不休，这种有关谴责或者赞美的言语表达，是一种阻碍直接洞察的习惯。

因此，你现在觉察到自己的恐惧，你知道你很恐惧。你能否看着恐惧，对它既不谴责，也不接受呢？你是着重通过“恐惧”这个词看着恐惧，还是没有任何言语地觉察恐惧呢？

先生们，让我们来举个例子。我们大多数人都是盲目崇拜的——这意味着，符号具有非凡的意义。我们不仅仅崇拜由双手制造出来的神像，也崇拜由思想制造出来的理想。这样盲目崇拜的头脑是不自由的。盲目崇拜的头脑从不可能清晰而敏锐地思考。很显然，拥有理想的人都不会去深思。我知道拥有理想是种风气，是对真实事实的一种受人尊敬的逃避，这就是为什么各种理想变得极其重要。但无论你怎么追求非暴力的理想——举个例子，真实的事实就是你很暴力。

因此，理想化的头脑是盲目崇拜的，它很暴力，并崇奉非暴力的理想，因此，这样的头脑活在自我矛盾的状态之中。非暴力的理想只是头脑对其自身暴力的一种对抗。如果头脑能从崇拜神像和理想这两者中解脱出来，那么，头脑必定会觉察到它很暴力的事实，但并不牵扯它的对立面——非暴力。然后一个人就能用他的整个存在去看暴力、观察暴力，既不谴责暴力，也不会声称暴力在生活中是不可避免的。

那么，你是用这种方式觉察恐惧的吗？你是没有言语而觉察到这种感受的吗？即，你能否看着这种感受而没有将其言语化——这真的需要投入你全部的关注力在这种感受上，不是吗？然后就不会分心，在你和所观之物之间也就不存在文字的屏障。无疑，这才是真正的洞察，头脑不再喋喋不休，而是全然地看着事实，没有任何言语介入两者之间。

这种没有言语化地对恐惧的观察，本身就是纪律，并非是种强加于头脑的纪律。我希望这点大家都清楚了，因为了解这点很重要。对恐惧的观察本身就是纪律。你不必为了观察而培养纪律。为了观察而培养纪律就会阻碍观察，就会妨碍洞察。但是，当你看到训练头脑去观察这么做的荒谬时，这种洞察就会带来它自身的纪律。

如果你想了解某物，如果你想了解恐惧，很显然，你就必须对此投入全部的关注力。不要问：“我要如何毫无训练地投入自己全部的关注力呢？”这是个错误的问题，因此就会得到错误的答案。首先看到这个真相——要了解你的恐惧，你就必须投入自己全部的关注力，而只要你逃避恐惧或者谴责恐惧，就不可能存在关注力。这种谴责和逃避是一种你已深陷其中的习惯，而这种习惯不可能经由任何训练来去除。训练头脑去除习惯只是制造了另一种习惯。但是，觉察恐惧而不将其言语化，不对其加以谴责或者辩解，那么，就会有一种不间断的、自发的纪律——也即意味着头脑从训练的习惯中解脱了出来。

我不知道，你们有多少人明白了所有这些？也许这一天下来你是太累了，所以不能很清醒地跟上这些，但如果你只是听而并没有想要努力地听，我觉得你会发现这种听本身就是一件令人惊讶的事。如果你正确地倾听，奇迹就会发生。知道如何不费力倾听的人要比努力倾听的人学到的多得多。当一个人很轻松、毫不费力地倾听时，头脑就能看到真实是什么，以及虚假是什么，它能看到虚假的真相。因此，要通过直接的体验去倾听别人所说的，即使有可能在意识上你跟不上。毕竟，人类的各种深刻而根本的反应都是无法命名的。这并非是我告诉你一些事，然后你理解了这些，而是在头脑处于倾听状态时，就会有一种了解，这种了解既非你的，也非我的，是种不费力的了解，这种不费力的了解就会带来一场根本的革命。

把话题收回来，其实恐惧只存在于时间的架构里，其中没有真正的转变，而只有反应。比如，共产主义就是源自对资本主义的一种反应，就像勇气是源自对恐惧的一种反应一样。有自由的地方，就不存在恐惧，而是存在一种不能被称作勇气的状态，这是种智慧的状态。这种智慧能够无惧地面对问题，因此就可以了解这些问题。而处于恐惧之中的头脑面对问题时，无论它采取什么样的行动，都只会让问题更混乱。

因此，让头脑自由就是种智慧的行动。对于“智慧”无法给其下定义，如果你只是追求一个定义，那么你就很没智慧。但是如果你开始很清晰地、一步步去找出你所恐惧的以及为何会如此，你就必定会发现——在观察者和所观之物之间存在着一种分裂。先生们，请你们多少跟上我们所说的，我只是在用不同的方式表达而已。

有个观察者在说：“我很害怕。”他把自己从他称为恐惧的这种感觉中分离出来。举个例子，要是我害怕邻居的闲言碎语，就会有恐惧的感觉，就会有个“我”——这个经验者，这种感觉的观察者。只要在这个害怕的“我”

和恐惧的感觉之间，存在这种观察者和所观之物的分裂，就不可能终结恐惧。只有当你开始很仔细地分析和检视恐惧的整个过程，自己去发现观察者和所观之物并没区别时，恐惧才会终结。恐惧的存在，是因为观察者本身很恐惧，所以这并非是从对某一特定事物的恐惧中解脱出来的问题。从对某一事物的恐惧中解脱出来只是种反应，因此其中并没有自由。当我从愤怒中解脱出来时，这种自由就只是一种源自对愤怒的反应，因此其中没有自由可言。当我从暴力中解脱出来时，这种自由也只是一种源自对暴力的反应。有一种自由，它并非是从某事中解脱出来的自由，而是种最高形式的智慧，但这种自由，只有在一个人对恐惧的整个问题做非常深入的探究时，才会产生。

现在，让我们看一下另一个问题——我们为什么要有理想？这是否是种时间的浪费？难道理想没有阻碍对“实际如何”的洞察吗？我知道你们大多数人都持有各种理想——变得很高尚的理想，变得很纯洁的理想，以及非暴力的理想等。为什么？这些真的能帮你摆脱“现在如何”吗？比方说，我很贪婪、很贪得无厌，也很嫉妒，但我却持有出家的理想。究竟为什么我会有这种理想？我们都宣称理想是必需的，因为它就像杠杆的作用一样，是去除贪婪的方法。但真的如此吗？无疑，只有当头脑本身很关注问题，并且没有理想让其转移注意力时，它才能从贪婪或者任何状态中解脱出来，这就是为什么我会说理想完全是无稽之谈。事实是暴力，而头脑却追求非暴力的理想——这是种庞大的对暴力这一真实事实的逃避机制，是种自我欺骗，毫无真实性可言。真实是暴力，而一个人也是有能力去检视这暴力的。追寻非暴力的理想，内心就会一直存在着不要暴力的挣扎。这是另一种形式的暴力。

因此，重要的不是理想，而是事实，以及你面对事实的能力。只要你持有理想，你就不可能面对愤怒、暴力的事实，因为理想是虚假的、荒谬的，不具真实性。要了解你的暴力，你就必须对其投以全然的关注。如果你持有理想，你就不可能全然地关注它。理想主义只是我们拥有的习惯之一，而印度人正沉溺于这样的习惯之中，“他是个很高尚的人，他持有各种理想，并符合这些理想”——事实很简单——我们就是很暴力，而只有当我们看着自己的暴力，既不做辩解，也不做谴责，那么我们才能对其做探究。在头脑停止辩解或者谴责暴力的那刻，它就有了审视暴力架构的自由。

恐惧会以不同的形式呈现。恐惧不仅仅以绝望呈现，也会以希望呈现，我们大多数人都深陷这两种深渊之中。处在绝望之中，我们就会朝希望奔去，但是如果我们着手了解恐惧的整个过程，那么就不存在希望，也不存在绝望。

先生们，我不知道你们是否曾经最大限度地追踪美德，并对它做审视，既不接受也不反对。有时候这么试试看——追踪美德，看着美德，既不辩解也不谴责，你就会发现，你已然对美德有所了解了——那种美德不只是社交的便利事物，也不只是遵从某种理想化的模式而已。你就会到达这种状态——头脑摆脱了对美德的整个观念，并因此来到一种空无的状态。

先生们，在你们同意或者不同意之前，请注意倾听，只是听就好，然后让这些话沉入到你的无意识中去。

头脑目前充斥着各种观念，不是吗？头脑就是各种经验的产物，它充满恐惧，熟知希望和绝望，贪婪以及不贪婪的理想。头脑作为时间的产物，它只在时间领域内运作，在这个领域之内不存在转变。有所改变的话也只是模仿或者反应，这种改变不是真正的革命。

那么，头脑如果能越来越深入其本身，你会发现，它达到了一种状态，它完全清空了，那是一种完全的真空，但不是绝望的虚无。希望和绝望皆是恐惧的产物，当你对恐惧做深入的探究，并超越它时，你就会到达一种空无的状态，一种完全的真空，这种真空和绝望无关。只有处于这样的状态之中，才能给头脑本身的品质带来一次革新，一次彻底的转变。

但是，这种空无的状态并非是种可以追随的理想。它和头脑的发明完全无关。头脑无法了解这种状态，因为这种空无太过广博。而头脑可以做的是，让它自己从所有的喋喋不休中，从它所有的琐碎中，从它所有的愚蠢、嫉妒、贪婪和恐惧中解脱出来。当头脑寂静时，这种彻底的空无感就会到来，这种空无感正是谦卑的本质。然后头脑的品质才会有根本的转变，只有这样的头脑才具有创造力。

新德里，第四次公开演讲，1959 年 2 月 18 日

《克里希那穆提作品集》，第十一卷，第 171 至 177 页

第八章 真正的行动源自清明

真正的革命不一定全是有关经济上的、政治上的或者社会性的，而是带来新品质的始终清明的头脑。

对我们大多数人而言，行动就是例行公事，是一种习惯，是一个人所做的事，并非出自于爱，也并非是因为这件事对自己深具意义，而是因为他必须这么做。他受环境的驱使，受错误教育的影响，是由于缺少爱而造成的，而源自这种爱，他才可以做真正的事。如果我们能探究这整个问题，我认为这会揭示真相，之后我们也许就可以开始了解革命的真正本质了。

无疑，真正的行动来自于清明，当头脑非常清晰、不混乱、不自相矛盾时，行动就必然伴随清明而来，我们无须挂心如何带来行动。但是，要不受干扰地洞察和看，不为人的喜恶所扭曲，这非常难，不是吗？如实地看到事物，只有源于这样的清明，才会产生全然的行动。

清明远比行动更具重要性。但是，我们的头脑充斥着各种体系、技术，以及想知道怎么做的欲望。“怎么做”变得非常重要，它是我们永恒的问题。我们想知道怎么应对饥荒，怎么解决不平等，怎么对这个世界上骇人的腐败做点什么，以及怎么解决我们自己的悲伤和痛苦。我们总在寻找一种方法、方式、一套行动体系，不是吗？

但是，很显然，如何发现清明，这种探究更有意义，因为如果一个人能很清晰地思考，如果他拥有这种未被扭曲、直接而完整的洞察力，经由这份清晰的洞察，就会带来行动。这份清明会产生它自己的行动。投身于各种不同门派的人总是在互相争执，不是吗？他们不可能合作，每个人都按照他所投身的门派、按照他自己特定的习惯和自身利益来诠释问题。我不知道你们是否曾经注意过，我们大多数人是如何将我们自己划分成各种团体、党派和门派的，然后将自己投身于某个结论之中。无疑，任何这样的投身都不会带来清明，而只会带来仇恨、敌对。但如果你和我一起着手处理这个人类的问题，不信奉，不持结论，也不存私欲，而是带着清明，那么，我认为解决这些难题可以很容易。

因此，真正的问题是这颗处理问题的头脑，如果我可以建议的话，那么我们不要只是听别人告诉我们的，而是自己去探究和找出头脑所处的混乱状态。如果我们问，要如何清除混乱，那么这只是在培养另一种体系。事实上看到头脑是混乱的要远比行动以及如何做这样的问题重要得多。我们必须活在这世上，必须有所行动，必须上班，以及做上百件不同的事，那么何种状态的头脑会产生所有这些行动呢？我可以给你们描述这种头脑的来龙去脉，但我觉得，如果你没把我所说的这些同你自己的头脑联系起来，那就意义甚微。我们大多数人认为，自我认识只是个关乎知识的问题，即积累对“头脑为何很混乱”的各种解释，我们对这样的解释都很容易满足。但是，要真正对自己有所了解，你就必须抛开所有这些解释，并开始探究自己的头脑——直接洞察“现在如何”。我必须知道我很混乱，知道我心有立场，热衷于某个派系、某种思想体系或者某种信仰，看到所有这些的意义，无疑，这种洞察本身就已足够。但是，如果我只是满足于解释自己混乱的各种起因，就会阻碍这种直接的洞察。

在我看来，真正的革命不一定全是有关经济上的、政治上的或者社会性的，而是带来新品质的始终清明的头脑。当头脑不清明时，重要的是直接洞察混乱的起因，而不是试图对付混乱。混乱之中的头脑无论对这份混乱做什么，都依然处于混乱之中。我认为我们并没有看清楚这点的重要性。我们大多数人都只关心如何清除混乱，如何扫除我们的困惑。但是只要洞察到头脑处在混乱之中——这份洞察本身就已足够。去亲自做一下，你就会看到。混乱的头脑不会有解答，它的混乱没有出路，因为无论头脑有何发现，它仍然身处混乱之中。然而，如果头脑极度清醒地觉察到、全然地关注到它自身的混乱，如果它看到自己是困惑的，看到自己的扭曲，看到自己存在的既得利益——这本身就足够了。它自会带来它的行动，我认为这样的行动是真正的革命。因为它以否定的方式着手处理问题，这样的头脑就有正面的行动。但是当头脑以肯定的方式着手处理问题时，它就会有负面的行动，因此行动就矛盾重重。

新德里，第九次公开演讲，1959 年 3 月 8 日

《克里希那穆提作品集》，第十一卷，第 201 至 202 页

个人有可能带来一场彻底的转变吗？对我们大多数人而言，这才是最紧迫、最紧要的问题，因为世界正处于一团混乱之中——不仅仅是世界，还有我们的生活。

所有的改变，无论是考虑周详的、事先计划好的，还是众望所归的，必定仍在时间和局限的领域之内。因此，我们需要一种真正的革命——并不仅仅是一种表面上的颜料涂抹，我们也许称这样的涂抹为“改变”。我们确实需要给我们的思想、感受、行为——我们的生活方式带来一场深刻而彻底的革命，我觉得一个人观察自己和这个世界越多，这就会越显著。表面上的革新，无论它有多必要，都不是问题所在，不能解决我们的困难，因为这种革新仍然是种条件反射，并非全然的行动。我所指的“全然的行动”的意思是，时间领域之外的行动。因此，只存在一种可能性，那就是一场彻底的革命，一次彻底的转变。

个人有没有可能带来这种转变？很显然，这种转变并非是身体上的、表面上的，也并非是外部的，而是意识的转变。我不知道“意识”这个词对你们每个人来说意味着什么？先生们，如果我可以以最尊敬的方式提出建议的话：不要只是接受言语，依赖言语，我们一直都在这么做——或者至少你们一直是这么做的——已经好几个世纪了，看看你们的处境！你能不能检视每个词，每个词都有其含义，就像“意识”，自己去弄清楚它的含义，而不是按照某个老师说过的去诠释这个词呢？你必须自己去摸索、检视和发现“意识”的疆界、思想的界限、感受的界限，以及传统的影响有多深远，还有经验有多深入地塑造了你的行为。行为的整个构架，思想、感受、传统、记忆的整个构架，种族遗传的整个构架，以及一个人或者一个家庭所拥有的无数经验的构架，家庭传统、种族传统——所有这些都是意识。

有没有可能打破这个构架，带来一场转变呢？这才是真正的问题，对我们大多数人而言，这才是很紧迫、很紧要的问题，因为世界正处于一团混乱之中——不仅仅是世界，还有我们的生活。如果一个人只是很满足于革新，那么这也行，但是如果他想深入得更深，他就必须探究有关改变和转变的问题，并且看到，由思想、说服、强制、逐渐调整的过程或者受到宣传的影响而做出的改变都根本不是转变。因此，除非有毫无动机的行动、毫无动机的改变，否则就根本不存在转变。我认为我们对此应该相当清楚了。

马德拉斯，第三次公开演讲，1961 年 11 月 29 日
《克里希那穆提作品集》，第十二卷，第 288 页

正如我们所说，除非我们对时间这个问题有所了解，否则转变不具任何意义。

因此，如果有“时间”这样东西的话，那么我们所指的“时间”有何意思？有没有可能终结时间？我们习惯以渐进的方式思考——我会改变，我会变好，我应该是，我必须不等。所有这些都涉及时间，即未来我将会这么做。这个“将会”的行动就是时间。请仔细看看这点。这些“应该如何”或者“不应如何”的行动就是时间，因为在“现在如何”和“应该如何”之间存在一个间隔，要到达“应该如何”就会涉入时间。按时间顺序来说，你从这儿回到家里必定需要时间。同样地，当你想改变“现在如何”，你就以时间来思考，即“我应该这么做”。因此“应该”这个词意味着时间，即在积累经验，从经验中学习后，

我才有所行动。而这并非是学习和行动。对此我会深入探究，也许此刻你对此还不是很明白……我必须非常仔细地解释这个问题，并一步步深入这个问题，同样地，你的头脑也必须很警醒、非常觉知，明白其中的含义，否则你就会错过这些内涵。

正如我们所说，除非我们对时间这个问题有所了解，否则转变不具任何意义。这样我们就只关心自我改善，只关心变得更好、更高尚、更和善——这些都涉及时间。因此，我们看到有知识运作的地方，如意志力，就会涉及时间。当行动者和行动之间涉及时间时，就会形成别的各种因素，因此行动从不完整。我打算放弃，即我明天会这么做。那么现在和明天之间会怎么样？就会存在一种间隔，一种时间的延迟。在这个空间里，别的因素会介入，别的压力和负担会介入。因此“应该如何”就已经被修改，我的行动也随之被修改，所以行动从不完整。我明天会开始做，在内在——放弃、做、服从、模仿等——别的因素、压力，别的负担以及别的各种情况就会应运而生，有所干扰。因此，在“现在如何”和“应该如何”之间，总存在不断修正的行动，这样的行动从不完整。

马德拉斯，第四次公开演讲，1966 年 1 月 2 日

《克里希那穆提作品集》，第十六卷，第 21 至 22 页

对人类而言，起因从不固定，总在经历着变化，这种变化表现在将来的行动上。对这个事实的了解就是对行动的全然了解。

整体的时间就是活生生的当下。动词的本质就是活生生的当下，不是吗？“是”这个动词包括了“过去如何”“现在如何”以及“将来如何”，即过去，现在和将来。但是我们大多数人都只关心对“过去如何”的延续——通过“现在如何”，到达“将来如何”。这就是我们的生活，我们都以这种方式运作和行动——过去盛行于当下，由当下修改，并由此缔造未来。我们的行动，由昨日决定，经由今日修正，形成明日的样子。换句话说，对我们大多数人来说，起因和结果经由间隔、间隙而彼此分离，起因势必经由这个间隔、这个间隙才形成结果，对此印度人通常称之为业力。

现在，如果你非常紧密地审视这种因果链，就会发现我们的行动都并不完全取决于原始的起因，而可能是由迥然不同的东西引起的。杧果种子总归生长成杧果树，绝无可能变成一棵棕榈树或者罗望子树。起因决定于这颗杧果种子的种类，它会产生固定的结果，但是就我们而言，情况就很不同，因为所生成的结果变成起因，也即，起因在当下通过各种影响不断地被修改，由此可能产生截然不同于原始起因的结果。因此，对人类而言，起因从不固定，总在经历着变化，这种变化表现在将来的行动上。对这个事实的了解就是对行动的全然了解。

新德里，第七次公开演讲，1960 年 3 月 6 日
《克里希那穆提作品集》，第十一卷，第 364 页

我们必须了解死亡。而只有了解死亡，你才会了解何为爱。

只存在一种全然的行动，那就是死亡，对吗？关于死亡，没有什么可争辩的，也不存在理性上的诡辩。对死亡没有任何观念可言，你不必引述各种宗教书上所说的，也不可能逃避它。你不会向死亡讨要：“再给我一天时间吧。”因此只有唯一的、全然的行动，即死去。

对大多数人而言，死是对生的否定，就如自杀一般！因为我们还没有了解死亡的非凡本质，我们——聪明又有学识的人们——让生活成了件毫无意义的事，生活变得不再有意义。你的生活还有意义吗？先生们，请务必看看这点！——上班、谋生、养家、拥有性的快乐，开着辆豪车或者小汽车，或者走路？对你而言，这一切意味着什么——写本书或者不写书，进行一些微小琐碎的社会改革，隶属于某个渺小的社团等，这一切意味着什么？你对生活、对其中的折磨质疑得越多，生活的意义就愈少。所有的聪明人都写了无用的、无意义的书——有关哲学的书，发明了哲学。而我们谈的不是自杀，这种绝望的终结行动。我们正在指出死亡是唯一完整而彻底的行动——就如爱。爱也是全然的行动。爱之中不存在矛盾。但是我们的爱都深受嫉妒、忧虑、孤独的牵制——“我的爱”相对“你的爱”，“我的家庭”相对“你的家庭”，“我的国家”相对“你的国家”，“我的部落”相对“你的部落”，“南方”相对“北方”。我们都号称我们爱着，但是我们的爱却充满矛盾。

因此，我们必须了解死亡。而只有了解了死亡，你才会了解何为爱。或者如果你了解这种矛盾的整个本质——它以享乐而存在，你就会对爱的整体行动有所了解，因为爱和死亡并行。而你必须对死亡这种非凡的奥秘有所了解。

拉杰哈特，第三次公开演讲，1965 年 11 月 28 日

《克里希那穆提作品集》，第十五卷，第 345 页

动机是肯定式的，当你不持任何动机地完成一项行动时，你才会了解何为“否定”。

那么，一个人要怎么探究？请对此确实关注一下。探究的方法是什么呢？一个人要怎么开始？是不是当有肯定的处理方式时，才会有探究的状态，还是只有否定的方式，才会存在探究的状态呢？我说的“肯定的方式”是指带着找到答案的欲望看问题。当我很灰心，很绝望时，我想要个解答，我的探究就有动机，不是吗？我的探寻就是想要找到办法的欲望的产物。因此，我可以找到办法，但是这很肤浅、很空洞，我会依赖某个权威，或者追随某个派系，所有这些在明天就会让我再次陷入绝望。不快乐、痛苦、充满悲伤、处于持续冲突的状态，我想

要从这整个事件之中逃脱出来，因此就有了动机，而这个动机就制造了肯定式的行动，而这样肯定式的行动——也即带着找到答案的欲求去探究，是非常局限的，它不能打开通往天堂之门。

孟买，第七次公开演讲，1960 年 1 月 13 日

《克里希那穆提作品集》，第十一卷，第 291 至 292 页

旧头脑是二手的，它所有的反应都是在模仿，无论它做什么都不会有解答。

……了解你的整个生活，即从你出生的那刻到你死去的那刻，都在顺从、模仿、服从以及调整，以适应社会法规或者某种特定的个人特质——你自己特定的性格，当你面对这些时，你就会意识到，源自思想、观念或者概念的任何活动——诸如观念、思想体系、准则、传统，或者源自过去的暗示，都是在模仿。

那么，一个人要怎么做？我希望我把问题表达清楚了。我们的大脑说：“当你面对这个非常巨大而又复杂的问题时，你必须有所行动，你必须做点什么。”你的

反应，大脑的反应就是要有所行动，它进行思考，要找出办法。那么，要找到办法，去做点什么，就是我们所说的肯定式的行动。这也是我们一直在做的。我缺乏勇气，我必须找到克服它的办法，因此我就发展出各种特质——我称之为“面对恐惧的勇气”。我们一直如此运作。当我们面对任何一种问题时，本能的反应就是去对此做点什么，要么经由思想、情绪或者行动去做，要么是通过某种活动去做——这依然是旧头脑的活动，对吗？旧头脑是时间、经验、过去知识的产物，因此，是二手的，它对问题的反应也无可避免都是在模仿。

因此，一个人要怎么做？我们说过旧头脑的反应都是在模仿，无论它做什么都不会有解答。而对过去的反应也即我们称之为“肯定式活动”的生活——这只会制造更多的混乱和更多的冲突。因此，你面对这个巨大的问题——即旧头脑是二手的，它所有的反应都是模仿，因此，思想——其中包括了感受和情绪等，都是模仿，经由思想，你无法找到办法。你无法经由知识这扇门去逃避过去和情绪。因此，所有的肯定式活动必须全部终止——这也意味着旧头脑必须全然否定，也即旧头脑必须全然安静。你们跟上了吗？只有当旧头脑通过自己的洞察，觉察到自己的活动时，它才有可能安静下来。

马德拉斯，第三次公开演讲，1965 年 12 月 29 日

《克里希那穆提作品集》，第十六卷，第 18 页

说“我知道”的头脑是没有能力解决任何有关生活的复杂问题的，因为生活是不断前进的，它不是停滞的。

无疑，头脑必须处在一种完全不确定的状态之中——处在一种完全不行动的状态之中，处在一种不知道的状态之中，这样的头脑不会说“我知道”“我经验过”“就是这样的”。说“我知道”的头脑是没有能力解决任何有关生活的复杂问题的，因为生活是不断前进的，它不是停滞的。

印度，浦那，第二次公开演讲，1953 年 1 月 25 日

《克里希那穆提作品集》，第七卷，第 150 页

当你的头脑处于全然否定的状态时，你就能重新处理你所有的问题。

探究过、分析过、徘徊过，尝试了各种积极的方法，追随了各种途径，却仍旧没有找到答案，那么，你的头脑就彻底处于否定的状态之中。它不再等待一个答案，不设希望，不预期有人会告诉他答案。不是吗？当你的头脑处于全然否定的状态时，你就能重新处理你所有的问题，你就会发现这些问题都能全然而彻底地得到解决，因为正是头脑本身制造了问题。头脑把所有问题都看作是一个个孤立的、支离破碎的问题，希望因此而得以解决问题。但是当头脑彻底安静，以否定的方式觉察时，它就根本没有问题。不要以为问题不会再出现——问题是不可避免的，但是，当有问题产生时，头脑就能即刻处理问题。你们了解了吗？

萨能，第五次公开演讲，1965 年 7 月 20 日

《克里希那穆提作品集》，第十五卷，第 213 页

不行动便是最惊人的行动。

我能不能只是面对事实而不去诠释它？如果我把事实和我分隔开来，如果我孤独，我是个观察者，而孤独是所观之物，那么，就会有个行动者，也就是我。我可以对此做点什么——我可以替换它、去除它、压制它、反抗它、调整它、与它做斗争，或者逃离它、调整自己去适应它，又或者否定它，或者使之合理化。但是如果我看到愤怒就是我，孤独就是我——这个解释者，这个思考者，这个行动者——如果我看到观察者就是所观之物，那么就不存在经验，行动也就不可能以我所习惯的方式出现了。

当这发生时，矛盾和努力就停止了。如果不存在矛盾，也就不存在努力。这并不意味着我的头脑沉睡了。要去除依赖、愤怒、嗜好以及欲望的种种努力——就在这种冲突的过程中，头脑将它自己弄得四分五裂。任何形式、任何层面的冲突，无论是身体上的还是心理上的，都孕育了更进一步的冲突，使得身体和心灵都因此而精疲力竭。

针对空无这一事实的行动是不存在的。观察者现在就是所观之物，针对任何事实的行动都不存在。由此产生了对行动的否定。不行动便是最惊人的行动。我们所知的肯定的行动是种反应。观察者拒绝事实，他拒绝属于他的事实，所以他就可以有所行动。当观察者就是所观之物——就不存在行动，之前把自己划分成观察者和所观之物的头脑，就没有了分裂。在观察者和所观之物之间就没有了冲突。当这个事实发生时，就有了寂静，在这寂静之中，存在着巨大的关注。

寂静产生于彻底的不行动之中，这也是最正面的行动。寂静即是空无。

罗马，第五次公开讨论，1966 年 4 月 14 日

《克里希那穆提作品集》，第十六卷，第 121 至 123 页

只有迟钝的头脑，有所投入的头脑……处于不断斗争和挣扎之中的头脑，这样的头脑才会努力。

观察者总是有所行动，仿佛所观之物是某样有别于他自己的东西，对此他可以有所行动。但是，当他意识到观

察者就是所观之物时，他所有的行动就会停止，因此，所有的努力也会戛然而止，继而也就根本不存在丝毫的恐惧。

这需要大量内在的探索和觉察，不持任何结论，一步步地探究。因此，头脑必须特别警觉、敏锐和敏捷。当不存在恐惧时，就不再存在这种积极的行动，即要对恐惧做点什么。于是观察者就是所观之物。在这种状态之中，就存在彻底的不行动，而这种彻底的不行动就是最高形式的行动。

因此根本不存在努力。只有迟钝的头脑，有所投入的头脑，或者处于“成就或没有成就”之中的头脑，处于不断斗争和挣扎之中的头脑，这样的头脑才会努力，这样的努力和挣扎被认作是积极的生活方式。而这是最有害的生活方式。这种彻底的不行动之中——当观察者意识到他就是所观之物时，在这种彻底的不行动之中就存在不费力的行动。我们暂时先不谈这些了。我希望你们已经多少对此有所了解了。

欧亥，第四次公开演讲，1966 年 11 月 6 日

《克里希那穆提作品集》，第十七卷，第 72 至 73 页

第九章 总结

因为我们周遭的一切都在崩溃之中，必须要有一种截然不同的行动，这种行动并不仰赖任何人，甚至也不仰赖讲话者。我们正在自己弄清楚何为行动，以及如何生活——因为生活即是行动。

这是今年的最后一次讲话。我认为一个人观察这个世界的状况越多，他就会越清晰。他看到这个世界的混乱、巨大的悲伤、痛苦、饥荒以及普遍的衰微，通过看报纸、阅读杂志和各类书籍，他意识到了这些，并对这些有所了解。但这只是停留在知识层面上，因为对此我们似乎是无能为力的。人类正处于绝望之中，他们内心有着巨大的悲伤、挫折，而在他们周围又存在着诸多的混乱。一个人观察和探究得越深入——不是知识上、口头上，而是从事实上做讨论、观察、行动、探究、审视——就会越多地看到人类有多混乱。他们失去了方向。而自认为他们没有失去方向的这些人，是因为他们隶属于某个特定的团体和圈子，他们修炼得越多，就越多地做某些事——

更多的社会工作、这个或者那个，他们也确信，世界会因他们特定的渺小行为而有所改变。

世界正处于交战之中，你们以为通过特定的祷告，人们聚在一起，诵读某些真言就可以解决这个过了五千多年还依然悬而未决的巨大问题，尽管你很清楚战争绝无可能用这种方式得以停止，你只是在继续重蹈这些问题而已。因此，每个人都去归属于某个团体，某个政治集团，或者某个宗教门派等，并越来越多地从属于这些，依赖过去，依赖“曾经如何”，并深陷其中。当指出这些时，他承认内在和外在都存在着混乱、普遍的衰微以及衰退，并且他也意识到，人类失去了方向。但是，却未曾去弄清楚他为何失去方向，为何有如此多的混乱以及痛苦，对此我们不去审视和非常深入地探究，而只是很表面化地予以回答——声称我们并未追随神明，或者声称我们并不爱，我们做出肤浅、陈腐以及根本毫无价值可言的回答。

在这几次的讨论之中，如果一个人确实倾听了，那么他就肯定会有这个问题——为何会有这种困境，这种混乱？如果你很深入地探究，就会发现是因为人都很怠惰。混乱是由于人的怠惰、冷漠，或者由惰性而引起，因为他只是接受。这是最方便的生活方式——接受以及顺应他所身处的环境、现状和文化。这种接受，孕育了很糟糕的怠惰。了解这点很重要——作为人类的我们都很怠惰。我们以为通过信仰，通过声称“我相信这个或者那个”，就可以解决生活的难题。这种信仰实质上立足于恐惧之上，因此根本无法解决有关恐惧的问题——这也意味着根深蒂固的怠惰。

请观察一下你们自己。你们陷于“思考—行动”的模式，并维系着这种模式，因为这是最容易的方式——你无须思考，你曾经也许会稍微思考一下，但是现在不必，你现在就是如此，随外在事件而沉浮，或者任由你那个渺小的社团推动着前行。这给予了你极大的满足，你自认为做着很了不起的善事，你不敢对此质疑，因为这会令你很不安。你不敢质疑你的宗教信仰，不敢质疑你所处的社会，以及社会结构、国家主义和战争，你接受这些。请观察一下你们自己。你们是如此怠惰。而混乱正是由这种怠惰而引起，因为你已然停止了质疑，停止了质问——你只是接受。

意识到这种可怕的混乱一直都在外在和内在发生着，我们于是期待着某个外部事件能给我们带来秩序，或者希望某个领袖、某个上师来帮助我们解决问题——我们已经如此生活了数个世纪，期待着有人解决各种问题。

追随他人，这么做的本质就是怠惰。有个人出现了，他也许有过一些思考，并且持有一二见解，能解决这个或者那个，他告诉你怎么做，你对此很满足。我们在这个世界上真正想要的就是满足和舒适，我们希望有人告诉我们该怎么做——所有这些都意味着这种根深蒂固的怠惰，我们并不想解决我们的各种问题，并不想看这些问题，也并不想消除我们的各种困难。这种懒散不仅仅妨碍了我们去质疑、探究以及审视，也妨碍了我们去处理更深层的问题即弄清楚何为行动。世界处于混乱之中，而我们都身处痛苦之中。所有的解决办法、教条、信仰以及以冥想的名义进行着的冥想团体——没有一个解决过任何问题。而如果我们要自己弄清楚何为行动，我们就必须行动，必须做些有活力的、强而有力的事，以此带来不同的头脑，带来不同品质的生活。

一个人必须找到生活的方式，以及如何生活——不是去找到方法，如果你拥有某种方法、某种体系以及某种训练，你就已经在鼓励这种与生俱来的怠惰。所以一个人必须拥有非常敏锐的头脑，才不至于陷入这种懒散的陷阱之中，这样的陷阱是一个人非常乐意陷入进去的。

请倾听正在讲的这些。你要如何倾听？当你倾听时，你就要倾听并发现讲话者想要说的——是去发现，而非反对或者同意。自己发现意味着倾听、探究、审视，而非接受，不说“我希望他会讲到我那个正确的观点”。一个人必须倾听，显然，这是最难做到的事情之一。我们大多数人都喜欢讲话，喜欢表达自己，因为我们有如此之多的观点以及观念，而这些都是别人的，并非我们自己的。我们接受了很多的口号和陈词滥调，我们引用它们，自认为已经了解了生活。因此，你现在是在倾听——并非是倾听解释，并非是倾听你自己的偏见以及你的个人喜好，也并非倾听你已知的，而是倾听并去发现。

要有所发现，你的头脑必须相当安静。正如我们几天前所说的，要了解任何事物，有两种状态是必不可少的——一颗安静的心，以及关注力。这是倾听别人的唯一方式——无关乎是倾听你的妻子、孩子、老板、乌鸦，还是倾听鸟叫。必须要存在寂静和关注力——处在如此的状态之中，你才能倾听。这意味着你已然是活跃的，不再呆滞，打破了漫不经心倾听的习惯，打破了含糊其辞、吊儿郎当的习惯，你因为这些习惯而从未能洞察得很深入。因此，如果你倾听，就不要只倾听讲话者所说的，而要倾听这整个世界的声音，倾听发自人内心的呼喊，倾听你自己的痛苦、困惑以及绝望的呼喊。如果你知道如何倾听，那么，你就会解决问题。当你倾听自己的痛苦，你就会找到答案，就会从中解脱出来。但是，如果你说“答案必须合乎我的快乐和欲望”，那么你就不可能倾听自己，因为你并没有在倾听。你只是在倾听自己欲望以及快乐的百般撩拨。

至少今晚，在这里，请倾听并弄清真相。因为我们所要探究的东西需要大量的关注，需要很安静地探究和很谨慎地审视——不是什么“告诉我怎么做，我会去做”。因为，我们周遭的一切都在崩溃之中，必须要有一种截然不同的行动，这种行动并不仰赖任何人，甚至也不仰赖讲话者。我们正在自己弄清楚何为行动，以及如何生活——因为生活即是行动。

我们已经把自己的生活搅和得如此混乱、痛苦和幼稚。而要弄清楚何为行动，需要极其成熟——并非是关乎时间的那种成熟，并非像树上的果子需要六个月时间的那种成熟。如果你花六个月时间变成熟，你就已经播种下了痛苦的种子，播种下了仇恨和暴力的种子——这些都导致了战争。因此，你必须即刻成熟，如果你能倾听，并因此而学习，那么你就可以即刻成熟。学习并非递增的过程。我们学习并积累，这些就变成了知识，基于这些知识我们有所行动——这就是我们所做的。我们持有各种经验、信仰和思想，而这些经验、思想和观念都变成了知识，然后基于这些积累的知识，开始行动。因此其中根本就不存在学习。我们只是在不断地积累。两百万年来，我们已为自己积累了大量的知识，然而我们仍然处在战争之中，我们仍然仇恨，从没有一刻是和平、安宁的，我们也没有终结悲伤。在技术、技能的领域里，知识是必需的，但是，如果你持有的知识是各种观念，并且基于这些观念而行动，那么，你就已然停止了学习。因此，成熟与时间以及演变无关，而是当存在学习的行动时，成熟自会到来。只有成熟的头脑才能倾听，才是全神贯注和寂静的。不成熟的头脑才会有所信仰，会说“这是对的，那是错的”，并毫无理性地有所追随。

因此，我们正一起探究“行动”。你要思考和倾听。我们要一起做这件事，因为它就是你的生活，并非我的。它是你的生活、你的痛苦、你的混乱，因此你必须弄清楚何为行动。

何为行动？——去做、去行动。行动即是关系。不存在孤立的行动，正如我们目前所了解的，行动即是“观念”和“做”之间的关系。无疑，观念以及对这种观念的实施——这种关系在技能和技术领域里是极佳的，但是，在对“关系”做探究时就成了障碍。关系总在变。你的妻子或者丈夫从来都不一样，但是，怠惰、渴求舒服和安全的欲望说：“我了解她或者他，她或者他就是这样的。”这就将那个可怜的女人或者男人限定死了。因此，你们的关系是依据彼此所持的意象，或者依据某个观念，然后基于这种意象、观念而产生行动。请对此关注一下，这就是我们对行动的了解——“我有所信仰、有各种原则，这是对的、那是错的，这应该如何”——我们依据这些而行动。人类是暴力的，这种暴力体现在野心、竞争以及具倾略性的冷酷表情之中——这些都是动物性的反应——也体现在所谓的“戒律”，即压抑之中，我们的行动都源自于这些，因此行动总是矛盾重重。

我们声称，无论是对是错，行动必须遵从某种模式，这种模式基于各种原则、信仰、传统，基于环境的影响以及一个人成长于其中的文化。因此，就我们所看到的，以及就我们的生活而言，行动就是要依持某个特定的意象、某个特定的准则或者某种特定的模式。然而这种准则、意象或者观念还未解决这世界上的任何事情——无论是有关政治的、宗教的，还是经济的——未能解决任何事。这些还未解决任何人类深层次的问题，然而我们却依旧主张这是唯一的行动方式。我们说："要是没有思想、没有观念，不追随任何一种日复一日的例行公事，我们又要如何行动？"于是我们接受冲突是我们的生活方式——而冲突正是我们行动、生活、关系以及各种观念和心念的产物。你无力争辩这个事实——持有一个观念、一种准则或者持有你的信仰等——你依据这种传统、这种架构而生活和有所行动，当你这么做时，就必定存在冲突，观念——"应该是"，有别于事实——"现在是"。这种生活方式很方便，它是我们数千年来的生活方式。那么，有没有别的方式——一种行动的生活方式，一种关系的生活方式，这种生活方式不存在任何冲突，也就意味着不存在任何观念呢？

请倾听一下。首先去看问题，"问题"这个词——是什么意思？它是一种挑战。所有的挑战之所以都变成了各种问题，正是因为我们不知道如何对此做出回应。现在就有一个问题——也是这个世界的问题——丢了个问题给你，但你并不知晓回应这个问题的方法，除了旧有的方法——遵从、模仿、重蹈、养成习惯，你基于这种重蹈、模仿的惯性生活方式而行动，并称这种惯性的生活方式为"行动"，这种行动给人类的头脑和心灵带来了数不尽的痛苦和混乱。

因此，这是显而易见的，我们可以从这点继续讨论下去。不要随后说不是这样的。不要自欺欺人地说那不是事实。如果你分析它，如果你自己对此做很深入的探究，就会非常容易地发现：你拥有过某种快乐，你想重温这种快乐——或者在记忆之中，又或者在你的心念里，你保持着这种快乐而活着，这种快乐、这种心念促使你去行动，如此的行动就存在冲突、痛苦以及不幸——这种习惯已被养成，而你基于这种习惯而行动。

因此，有没有一种截然不同的生活方式，即行动？这意味着你已很仔细、很用心地倾听了自己的生活方式，你已了解这种生活方式的全部含义，而不只是它的几个碎片。全然地倾听意味着你看、倾听问题的全部，而非问题的一鳞半爪。当头脑很安静、全神贯注，既不诠释，也不谴责和反抗，这样去倾听乌鸦，你就是在全然地倾听。你是在倾听所有的声音——不只是乌鸦的，而是全部的声音。同样地，如果你能倾听你所熟悉的“行动”这个问题的全部，如果你能全然地倾听难题、问题以及你的生活方式——即经由观念而产生的行动——那么，你也就有能量倾听别的东西。而如果你并未全然倾听现在的行动方式，那么你也就没有能量跟上接下来要讲到的内容。

要知道，弄清楚任何东西都必须拥有能量，要探究全新的东西，你需要大量的能量。而要拥有这种能量，你必须已倾听过旧有的生活模式，对它既不谴责也不赞同。你必然已全然地倾听过它——也就意味着你已对它有所了解，你已了解这种生活方式毫无意义。当你倾听到它的无意义，你就已然从中解脱出来。然后你——不是知识层面上，而是很深刻地感知到那种生活方式毫无价值，如此，你就拥有了探究的能量。当你对导致这种痛苦和冲突的东西做出否定时——我们对此已做过探究，这种否定，即是正面的行动。

我会对此稍作探究。我们问：“有没有一种行动，其中没有冲突，这种行动不是重复性的行为，也不是形式重复的快乐？”要弄清楚这点，我们就必须对这个问题做一下探究：何为爱？不是变得多愁善感、感情用事，或者是虔诚祈祷！爱总是否定式的。爱不是思想，从不矛盾——而思想很矛盾。思想，基于动物本能的一种记忆反应——机械思考，总是矛盾重重。当行动源自于思想时，这种矛盾重重的行动就会带来冲突和痛苦。而在探究和审视之时，如果存在任何其他不伴有痛苦、忧虑和冲突的活动时，那么，你就必定是处在否定的状态之中。你们了解吗？要做探究和审视，你必定是要处于否定的状态之中，否则，你无法审视。你必定是处在“不知道”的状态之中，否则，你怎么可能审视呢？

我们习惯于这种生活方式，并称之为“一种积极的生活方式”，因为，日复一日地重复，基于模仿、习惯、追随、服从，以及被你自己和社会所训练，你能够摸清楚这种生活方式，你能够做到。所有这些都是肯定式的活动，其中存在着冲突和痛苦。请倾听所有这些。当你对这些做出否定——这种否定的过程，这种不回应的过程，就是否定的状态，因为你不知道接下来会怎样。无疑，这不复杂。理智上，这听起来很复杂，但其实并非如此。当你对某物不回应时，你就和它终止了关系。

现在，我们说这种爱是全然的否定。我们不知道爱是什么意思。我们不知道爱意味着什么。我们都知道快乐是什么——快乐，我们把它错认为是爱。爱存在的地方，就不存在快乐。快乐是思想的产物——很显然。我看着美好的东西，思想介入其中，开始思考，思想制造出一种意象。请观察你们自己。这种意象通过情景，通过感知，给了你很大的愉悦，思想使得这种愉悦得以维持和继续。在家庭生活中，这就是你们所谓的爱，但是无论怎样，这都和爱无关。你只是关心愉悦，而只要存在对愉悦的追求，就存在时间上的具模仿性的延续，然而爱没有延续，因为爱不是愉悦。要了解爱是什么，要处于这种状态之中，就必须对肯定做出否定，对吗？我们可以继续讨论下去吗？

先生们，看！当你说爱某人时——你的妻子、你的丈夫、你的孩子们——这意味着什么？褪去所有的言语、所有的多愁善感以及情感主义，实实在在地看着它。当你说“我爱我的妻子、我的丈夫、我的孩子们”，这意味着什么？本质上，它其实是快乐和安全。我们并非对此冷嘲热讽，而这是事实。如果你真的爱你的妻子和孩子——是爱，而非因为你自己隶属于这个家庭，这个狭小团体而获取的快乐，并非因为你由性而得到的快乐，也并非因为你增长了自己特定的自我而得到的快乐——你就会拥有不同的教育，你就不会希望你的儿子只在乎技术上的学习，不会只是帮助你的孩子去通过些愚蠢而琐碎的考试，然后谋得一份工作而已，而是，你会启发他了解生活的整个过程——不只是这个浩瀚生活的一个方面、一个片段，或者一些碎片而已。如果你真的爱你的儿子，就不会有战争，你会对此很谨慎。这意味着你没有国籍的观念，不持有各种引起分裂的宗教信仰，也不持有各种等级观念。

因此，思想在任何情况下都无法带来爱的状态。思想只能了解何为肯定，而不是何为否定。也就是说经由思想，你怎么可能弄清楚何为爱呢？你不能。你无法培养爱，你不可能说“我在日复一日地练习变得宽宏大量，变得善良、温柔，变得温和、替别人着想”——这无法创造爱，这仍然是由思想制造的肯定式行动。因此，只有当思想不掺杂于其中时，你才能了解何为否定式的爱——不是经由思想。思想只能制造某个模式，并依据这个模式或者准则而行动，因此矛盾重重。要发现一种任何时候都根本不存在矛盾的生活方式，你就必须了解这种全然否定式的爱。

先生们，当存在自我中心的活动时——或者正义，或者沾沾自喜的体面，又或者野心、贪婪、嫉妒、竞争——所有这些都是肯定式的思想过程，你们要如何爱，如何才能有爱呢？你无法爱，因为这是不可能的。你可以伪装，可以使用“爱”这个词，你可以很感情用事，可以多愁善感，也可以很忠贞——但这些无论怎样都和爱无关。要了解何为爱，你必须了解这件被称作为“思想”的肯定事物。而经由这种否定的了解——这被称作为“爱”，就会有最正面的行动，因为这种行动不会制造冲突，因为毕竟这种行动才是我们活在这个世界上所需要的——身心内外都毫无冲突地、安宁地活在这个世界上。你必须拥有宁静，否则，你就会被摧毁。只有在宁静之中，良善才能盛放，只有在宁静之中，你才能遇见美。如果心智是扭曲的，它很焦虑、很嫉妒，如果你的心是一个战场，你又如何能看到什么是美呢？美不是思想。由思想所制造的东西都不美。

要发现一种不立足于观念、概念以及准则的行动，你必须倾听，并且彻底了解它们的整个结构，在这份了解之中，你就已然脱离了它们。因此，你的头脑就会处于否定的状态，而非痛苦或者愤世嫉俗的状态之中，看到这种生活方式的无意义——实实在在地看到，然后你就会将它终结。当你终结某样事物时，就会有新的开始。但是，我们都害怕结束旧事物，因为我们都依据旧事物来诠释新事物，你们看到这点了吗？——如果我发现我真的不爱自己的家庭——也就是说我对它并不负责——那么，我就有自由去追求别的女人或者别的男人，而这又是思想的过程。因此，思想不是解决之道。

你可以很聪明、很博学，但是，如果你想发现一种截然不同的行动方式——这种行动方式会给生活平添喜乐，那么，你就必须了解思想的整个机制。在对“何为肯定”——也即对思想的了解之中，你进入了一种不同维度的行动，本质上这种维度的行动就是爱。这意味着——要探究，你就必须是自由的，否则你就无法探究，无法审视。对于这个世界上的这种混乱、这种困境需要全部重新审视，并非是按你自己的意愿，也并非是按你自己的设想、你的快乐、你的个人喜好，或者是你所投身的活动。你必须要重新思考这整件事。

新事物只能产生于否定的状态之中，而非产生于对“曾经如何”的肯定主张之中。当全然地清空——也即存在真正的爱时，新事物才能产生。然后你自己就会发现何为行动，无论于何时这种行动之中都不存在冲突——这正是头脑所需要恢复的活力。只有当头脑因爱而变得充满活力时，也就是对生活中的肯定思想予以全然否定时——不是因为感情用事，不是因为奉献，也不是因为有所追随而变得充满活力——如此的头脑就能创建一个崭新的世界，创造一种崭新的关系。只有如此的头脑才可以超越各种限制，进入到一种截然不同的维度。

这种维度是言语、思想以及经验所无法发现的。只有当你全然否定过去——思想，当你每天都对过去做出全然否定，因此从没有一刻在积累——只有这样，你才会自己发现一种喜乐的维度，它不属于时间领域，它是超越人类思想之上的东西。

孟买，第六次公开演讲，1966 年 3 月 2 日

《克里希那穆提作品集》，第十六卷，第 71 至 77 页

图书在版编目（CIP）数据

生活即是行动 /（印）克里希那穆提著；徐萍译 . -- 北京：北京时代华文书局，2022.4

书名原文：Action

ISBN 978-7-5699-3739-8

Ⅰ . ①生… Ⅱ . ①克… ②徐… Ⅲ . ①人生哲学－通俗读物 Ⅳ . ① B821-49

中国版本图书馆 CIP 数据核字 (2020) 第 096321 号

北京市版权局著作权合同登记号　图字：01-2020-2213

Krishnamurti Foundation of America
P.O. Box 1560, Ojai, California 93024 USA
E-mail: kfa©kfa.org Website: www.kfa.org

生活即是行动

SHENGHUO JI SHI XINGDONG

著　　者 | [印] 克里希那穆提
译　　者 | 徐　萍

出 版 人 | 陈　涛
选题策划 | 刘昭远
责任编辑 | 周海燕
责任校对 | 陈冬梅
装帧设计 | 柒拾叁号
责任印制 | 訾　敬

出版发行 | 北京时代华文书局 http://www.bjsdsj.com.cn
北京市东城区安定门外大街 136 号皇城国际大厦 A 座 8 楼
邮编：100011　电话：010 - 83670692　64267677
印　　刷 | 北京盛通印刷股份有限公司　010 - 83670070
(如发现印装质量问题，请与印刷厂联系调换)
开　　本 | 787mm×1092mm　1/32　印　张 | 7.75　字　数 | 138 千字
版　　次 | 2022 年 4 月第 1 版　印　次 | 2022 年 4 月第 1 次印刷
书　　号 | ISBN 978-7-5699-3739-8

定　　价 | 52.00 元